5G网络流量
DPI技术与应用

唐 宏 曹维华 高 敏 刘 浩 李文云 朱华虹 扶奉超 等◎编著

U0382397

人民邮电出版社
北 京

图书在版编目（CIP）数据

5G网络流量DPI技术与应用 / 唐宏等编著. -- 北京：
人民邮电出版社，2024.4
ISBN 978-7-115-62715-5

Ⅰ. ①5… Ⅱ. ①唐… Ⅲ. ①第五代移动通信系统—
流量测量 Ⅳ. ①TN929.538

中国国家版本馆CIP数据核字(2023)第181315号

内 容 提 要

　　5G 是数字经济时代的战略性基础设施，是新一轮科技革命和产业变革的重要驱动力量。5G 的 eMBB、mMTC、URLLC 三大主要应用场景，将进一步促进人与人、人与物、物与物的深度互联，赋能千行百业。5G 网络流量深度包检测（DPI）在 5G 产业生态中具有重要的作用，没有 5G 网络流量 DPI 技术手段做相应支撑，就难以满足 5G 面向千行百业的智慧化运营需求，也就没有 5G 产业的快速稳定发展。5G 核心网云化部署、控制面与转发面分离、SBI、MEC 及用户面下沉、端到端切片等诸多架构变革及 CT 与 IT 的融合对 5G 网络流量的检测、识别与分析提出了新的挑战。

　　本书共 6 章，分别为网络流量检测技术概述、5G 网络流量接入、汇聚分流技术、5G 网络流量分析技术、5G 网络流量 DPI 系统部署及总结，从基本原理、关键技术、系统实现、应用等方面对 5G 网络流量 DPI 技术进行深入浅出的介绍，以提高产学研界对 5G 网络流量 DPI 技术的认知、理解和运用水平，助力提升 5G 智慧化运营能力、全面支撑千行百业的蓬勃发展。

◆ 编　　著　唐　宏　曹维华　高　敏　刘　浩
　　　　　　　李文云　朱华虹　扶奉超　等
　　责任编辑　李彩珊
　　责任印制　马振武
◆ 人民邮电出版社出版发行　　北京市丰台区成寿寺路 11 号
　　邮编　100164　　电子邮件　315@ptpress.com.cn
　　网址　https://www.ptpress.com.cn
　　北京科印技术咨询服务有限公司数码印刷分部印刷
◆ 开本：700×1000　1/16
　　印张：12.5　　　　　　　　　2024 年 4 月第 1 版
　　字数：198 千字　　　　　　　2024 年 9 月北京第 3 次印刷

定价：109.80 元
读者服务热线：(010)81055493　印装质量热线：(010)81055316
反盗版热线：(010)81055315
广告经营许可证：京东市监广登字 20170147 号

前言
Preface

　　作为全面推进经济社会数字化转型的关键基础设施，5G 将推动传统行业的数字化转型、促进数字经济创新。5G 的增强型移动宽带（eMBB）、海量机器类通信（mMTC）、超可靠低时延通信（URLLC）三大主要应用场景，在满足"人联"的基础上，将全面拓展到工业、医疗、金融、能源等诸多垂直行业，实现万物智能互联。千行百业的应用模式和应用特征与传统人联网有较大差别，所关注的业务指标也存在差异。因此，5G 对网络流量的检测和识别提出了新的要求。同时，5G 首次规模化引入了 5G 核心网云化部署、控制面与用户面分离（CUPS）、服务化接口（SBI）、移动边缘计算（MEC）及用户面下沉、端到端切片等诸多架构变革及通信技术（CT）和信息技术（IT）的融合，这些技术的引入也为 5G 网络流量的检测、识别与分析带来了新的挑战。另外，大数据和人工智能（AI）技术的发展大幅提升了 5G 网络数据、业务数据、用户行为特征数据等数据识别、解析的实时性、准确性，使得 5G 网络流量深度包检测（DPI）技术在现网应用成为可能。5G 网络流量 DPI 在 5G 产业生态中扮演着重要的作用，如果缺少 5G DPI 技术手段，现有技术将难以满足 5G 面向千行百业的智慧化运营需求，也无法推动 5G 产业的快速稳定发展。

本书作者希望通过介绍 5G 网络流量 DPI 技术，为通信行业的工程技术人员、大数据分析专业人员、网络管理操作维护人员、高校教师和学生提供参考，提升 5G 产业和生态的网络价值。

本书作者均为移动通信及数据通信研发一线人员，积累了丰富的超大型通信网络演进及新技术研发经验，并长期从事固定宽带网络、3G/4G/5G 移动网络的 DPI 技术研发工作，参与多项国家、省部级重大课题研究，具有深刻的理论知识及丰富的实践经验；本书的内容是将国际、国内 5G 网络流量 DPI 最新技术与研究人员的研发工作相结合的产物，具有技术权威性和实践指导性。

本书由唐宏统稿，曹维华负责编写第 1 章，李文云负责编写第 2 章，扶奉超负责编写第 3 章，刘浩负责编写第 4 章，高敏负责编写第 5 章，朱华虹负责编写第 6 章，李建钊、胡家元、何林、章锐等负责文字和插图的整理、编辑等工作。

本书在编写过程中参考了有关作者的文献，以及国内外技术标准与技术资料，已在参考文献中逐一注明。由于时间有限，书中难免有不足之处，敬请读者批评指正。

作者

2023 年 8 月 8 日

目录
Contents

01

第1章 网络流量检测技术概述

1.1 什么是网络流量检测

随着互联网走进千家万户，人们通过互联网浏览新闻、观看视频、进行联网游戏、与他人聊天互动等，与此同时，这些操作将在网络上传输数据，产生网络流量。网络流量作为记录和反映网络及其用户活动的重要载体，几乎可以和所有与网络相关的活动联系在一起，是衡量网络运行负荷和网络运行状态的重要参数，也是网络服务供应商在进行网络规划设计及运维管理、保证服务质量（QoS）等时的重要参考因素。

很多人把互联网和交通网进行形象类比，网络流量就像在交通道路上飞驰的车辆，当道路上同时飞驰的车辆非常多的时候就容易发生道路拥塞，交通指挥中心通过部署在各条主要交通道路上的监控探头能够及时掌握道路的拥塞情况，通过监控车辆的数量、种类、功能等快速定位道路拥塞的主要原因，从而为快速疏导车流提供依据，保证道路畅通。交通网的道路规划设计部门要依据预测的道路上的车辆数量和流向来设计道路的宽度和连接方式。

作为网络服务供应商，为了保障网络的正常运行，也需要对关键链路的网络流量的使用情况和行为特征，以及网络运行状况进行检测、分析，通过全面、准确、多维度地收集网络流量使用情况，从而实现网络的规划设计、网络管理与监控、网络流量控制、用户行为分析及网络信息安全维护等，还可以通过及时掌握网络流量的使用情况挖掘网络资源的利用潜力，降低网络运营成本。

网络流量检测是指利用一定的技术手段，实时监测用户网络开放系统互连（OSI）中各层的网络流量分布、获取网络性能特征参数，再通过网络流量统计、数据包解析、流关联分析等方式实现网络流量信息的获取和综合分析，从而有效地发现、预防网络拥塞和应用瓶颈，为网络性能的优化提供依据。例如，利用网络流量检测技术，通过对每个用户、每个协议、每个应用程序、网络中每个方向的流量进行分析、统计，再结合服务质量管理、封堵、限速等网络流量管理方式，不仅可以为网络服务供应商的网络运营、维护和管理提供数据支撑，降低运营成本，提高用户感知能力和带宽使用性价比，还可以灵活管理网络带宽及拦截异常流量，避免对网络造成破坏性影响；针对业务流量的多角度智能分析，可以为不同的用户类别提供不同的服务质量，实现智能化定制服务。

1.2 网络流量检测常用技术

常用的网络流量检测技术包括网络数据抓包、基于简单网络管理协议（SNMP）的网络流量检测、基于 xFlow 的流量检测、深度包检测（DPI）、深度流检测（DFI）等。

1.2.1 网络数据抓包

网络数据抓包是当前网络管理和监控最简单、有效的方法之一，其主要侧重于协议分析，通过监听网络中的数据包来分析网络性能故障或数据包特征，由于操作便捷而深受广大网络管理人员的喜爱。人们通过在网络上上传和下载数据包来实现数据在网络中的传输，通常这些数据包经过软件处理后显示为应用所提供的内容，而普通用户无法直接使用未经处理的数据包，这些数据包通常也不会一直被保存在用户的计算机上。抓包工具可以帮助网络管理员将这些数据包保存下来，如果这些数据包是以明文形式传输的或者网络管理员能够知道其加密方法，那么就可以分析出这些数据包的内容及它们的用途。

目前流行的抓包工具有很多，业内比较流行的有 Wireshark、Sniffer、HttpWatch、IPTool、Tcpdump 等。这些抓包工具功能各异，但基本原理相同，都是实时捕获通信网络中某个链路接口的所有数据包，再通过 OSI 参考模型解码得到网络各层通信的数据内容。这些抓包工具的功能一般包括传输控制协议（TCP）、用户数据报协议（UDP）、互联网控制报文协议（ICMP）等的报文交互过程分析、数据包传输时延分析、OSI 参考模型的 3～7 层数据报文分析、数据传输丢包分析等。

网络数据抓包主要用于对流经某个链路接口的流量数据进行短时间的抓包分析，缺乏用户流量的长期统计和趋势分析，无法满足大流量、长时间的抓包和趋势分析的要求，目前一般用于网络故障分析和定位。

1.2.2　基于 SNMP 的网络流量检测技术

SNMP 是用于在互联网协议（IP）网络中管理网络节点设备的一种标准协议，属于应用层协议的一种。SNMP 采用代理/网管服务器的模型，对网络的管理与维护是通过网管服务器与代理间的交互工作完成的，SNMP 网络管理示意图如图 1-1 所示。每个 SNMP 代理负责应答 SNMP 网管服务器关于管理信息库（MIB）定义信息的各种查询。基于 SNMP 的网络管理系统包含如下主要元素，即驻留在网管服务器上的管理进程、驻留在被管设备上的代理进程和 MIB。

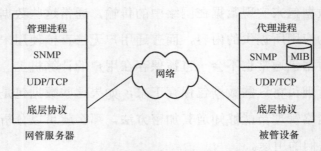

图 1-1　SNMP 网络管理示意图

　　网络中被管理的每一台设备都存在一个 MIB，用于收集并存储管理信息。基于 SNMP 的网络管理系统通过 SNMP 采集 MIB 的数据，并通过数据计算获取网络状态的各种实时性和非实时性指标，如设备端口带宽配置、设备端口流量，从而计算出设备端口带宽利用率等。1988 年，因特网工程任务组（IETF）定义了 SNMP 的第一个征求意见稿（RFC）系列标准，包括 RFC 1065 "基于 TCP/IP 网络的管理信息的结构和认定" [1]、RFC 1066 "以基于 TCP/IP 网络的网络管理为基础的管理信息" [2]、RFC 1067 "简单网络管理协议" [3]，从此开启了利用 SNMP 收集网络运行状况的方法。

　　基于 SNMP 的网络流量检测技术通过 SNMP 获取 MIB 中的端口流量信息，获取的内容通常包括设备端口的输入/输出字节数、输入/输出包丢弃数、输入/输出包错误数及输入未知协议包数等。针对大型网络，网络服务供应商通常采用基于 SNMP 的网络流量检测技术实时监控和分析网络中各个链路流量的使用情况，为网络链路拥塞分析和网络链路扩容规划提供重要的依据。2000 年前后，业界许多著名的网络管理系统，如 HP 公司的 OpenView、IBM 公司的 NetView、Microsoft 公司的 SMS 和 Novell 公司的 ManageWise 等系统都是基于 SNMP 标准设计的。

SNMP 已得到了网络设备厂商的广泛支持，内嵌在设备中，具有配置简单、使用方便的优点。但 SNMP 本身还存在一定的限制，采集的流量数据主要基于单设备单端口，以统计设备端口的流量大小为主，无法从网络端到端的角度分析网络流量流向，也无法获取总流量中各种网络应用的网络流量组成情况，无法支撑网络流量的精细化分析。

1.2.3　基于 xFlow 的网络流量检测技术

IETF 标准组定义了 IP 传输数据流（Flow），IP 传输数据流是指在一个确定的时间段内通过网络中指定观察点的一组 IP 数据包集合，这些 IP 数据包作为一个特定的数据流具有一系列共有的属性，每个属性都在应用中被赋予了一个指定的值，可能出现如下属性：

① 一个或多个 IP 数据包头（如目的 IP 地址）、传输层报头（如目的端口号）、应用层报头（如实时传输协议（RTP）字段）；

② 一个或多个数据包本身的特征，如多协议标签交换（MPLS）标签号等；

③ 一个或多个与数据包转发相关的属性，如下一跳 IP 地址、输出端口。

如果 IP 数据包完全符合上述属性的设定，则该 IP 数据包就可以被认定为属于这个特定的 IP 传输数据流。

xFlow 是以 IP 传输数据流为单位输出流量信息的技术，基于流来汇聚流量信息进而分析网络中流量流向和流量组成的情况。xFlow 技术的典型代表是思科公司在 1996 年开发的 NetFlow 技术，该技术首先被网络设备用于对数据交换进行加速，并可同步对高速转发的 IP 传输数据流进行测量和统计。

NetFlow 对 IP 传输数据流的定义包括 7 个关键元素，分别为源 IP 地址、目的 IP 地址、传输层协议类型、源端口号、目的端口号、设备输入端口、服务类型（ToS），其中设备输入端口是指数据包从哪个设备端口流入网络设备，其他 6 个关键元素都是 IP 数据包的相关字段。NetFlow 技术把具有 7 个相同关键元素的所有数据包理解成同一个流，并为每个流建立记录，统计流量信息。不同版本的 NetFlow，其输出结果不一样。以最常用的 NetFlow v5 为例，在它所输出的流记录中，除了 7 个关键元素，还包括时间信息、路由信息和流量信息等，如图 1-2 所示。

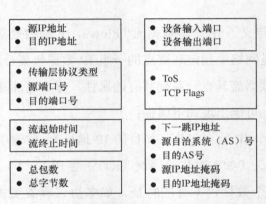

图 1-2　NetFlow v5 的流记录

除了思科公司提出的 NetFlow 技术，其他网络设备厂商也纷纷提出各自的 xFlow 技术，包括 Juniper 的 cFlowd、Foundry 的 sFlow 和华为的 NetStream 等。IETF 标准组在 2004 年定义了 IP 数据流信息输出（IPFIX）标准，详细标准可以参考 RFC 3917[4]。

基于 xFlow 的网络流量检测技术是指由路由器、交换机等网络设备自身对网络流量进行 xFlow 统计，并把 xFlow 记录结果发送给第三方系统的网络流量报告生成器和数据库，最后经第三方系统分析后获取网络流量数据统计信息，它是一种针对数据流的网络流量检测技术。随着网络规模的扩大，流经网络设备的流量较大时，通常会通过在网络设备上设置采样的方式来获取流信息，但 xFlow 记录的网络流量分析结果会受设备采样率的影响：若采样率过低，网络流量分析的误差加大；若采样率过高，开启 xFlow 功能所消耗的设备的 CPU 资源和内存资源将增大，因此在现网实际应用中会结合设备能力及链路流量大小的不同情况来灵活设置 xFlow 采样率。

xFlow 技术作为一种重要的网络流量获取技术，广泛应用于大型网络的实时流量采集、流量流向分析、异常流量检测等场景中。基于 xFlow 的网络流量检测技术应用部署方便、使用简单，可以区分各个逻辑通道上的流，基于采样率采集原始流量的 xFlow 技术支持较大规模网络的流量并进行抽样统计。但是，它是基于源 IP 地址、目的 IP 地址、传输层协议类型、源端口号、目的端口号等维度进行网络流量检测的，主要按传输层协议类型及端口号进行流量组成、流量流向等最基本的识别分析，无法检测出流量实际运行的应用层业务详细情况，还缺乏更深入的流量分析能力。

1.2.4　DPI 技术

互联网新业务层出不穷，出现了对等网络（P2P）、IP 电话（VoIP）、流媒体、Web TV、音视频聊天、互动在线游戏和虚拟现实（VR）等对网络要求非常高的业务，这些新业务的普及为运营商吸纳了大量的客户资源，但对网络的底层流量模型和上层应用模式产生了很大的冲击。例如数据流量特别巨大的 P2P、流媒体等业务对传统"高带宽、低负载"的 IP 网络承载模式造成了冲击，在很大程度上加剧了网络拥塞，降低了网络性能，使网络服务质量劣化，妨碍了正常网络业务的开展和关键应用的普及，引发了带宽管理、内容计费、信息安全、舆论管控等一系列新的问题。为了更好地掌握用户访问的业务情况，业界出现了深度包检测（DPI）技术，其也称为深度报文检测技术，本书中 DPI 统称为深度包检测。

DPI 是一种基于应用层的网络流量检测技术，该技术能够对网络数据包进行内容分析，检测出网络数据包的内容及有效载荷，进而提取出内容级别的信息，如恶意软件、应用程序类型、应用程序数据等。网络数据包（以下简称"数据包"）在本书中特指包含了 OSI 参考模型标准中 2～7 层（L2～L7）的整个数据单位，在其他一些标准或著作中也叫作数据报文。DPI 是和普通网络流量检测技术相比较而言的，普通网络流量检测技术主要分析数据包的包头信息，统计数据包的 4 层（L4）及 4 层以下内容，包括源 IP 地址、目的 IP 地址、源端口号、目的端口号及传输层协议类型等，如图 1-3 所示。

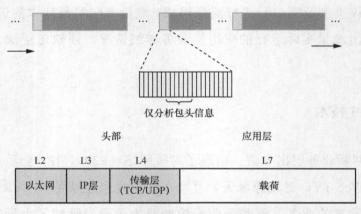

图 1-3　普通网络流量检测技术

DPI 除了对数据包 4 层及 4 层以下内容进行分析，还增加了对应用层载荷内容的分析，如图 1-4 所示，通过深入读取数据包载荷的内容来对 OSI 参考模型中的应用层信息进行重组，基于各种业务应用的指纹特征进行识别，检测出各种业务类型及其主要内容。DPI 的详细技术原理参见第 1.3 节内容。

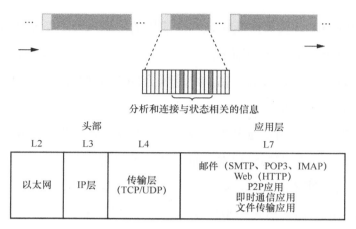

分析和连接与状态相关的信息

| | 头部 | | 应用层 |
L2	L3	L4	L7
以太网	IP层	传输层 (TCP/UDP)	邮件（SMTP、POP3、IMAP） Web（HTTP） P2P应用 即时通信应用 文件传输应用

图 1-4　DPI 技术原理

1.2.5　DFI 技术

　　DFI 技术采用的是基于流量行为特征分析的业务应用识别技术，即不同的业务应用类型体现在会话连接或数据流上的状态各有不同，通过对流量行为特征进行分析，从而识别出业务应用类型[5]。例如，VoIP 流量体现在流状态上的特征就非常明显，RTP 流的包长相对固定，一般为 130～220byte，连接速率较低，为 20～84kbit/s，同时会话持续时间也相对较长；而基于 P2P 下载应用的流量模型的特点为平均包长都在 450byte 以上、下载时间较长、连接速率较高、首选传输层协议为 TCP 等。DFI 技术正是基于这一系列流量的行为特征，建立流量行为特征模型，通过分析会话连接流的包长、连接速率、传输字节量、包与包之间的间隔等信息来与流量模型进行对比，从而识别业务应用类型。

　　采用 DFI 技术进行流量分析仅需要将流量行为特征与流量行为特征模型进行比较即可快速识别、分析业务流量，而 DPI 技术需要逐包进行拆包、解析、识别，因此 DFI 技术的处理速度更快。

由于 DPI 技术需要紧跟新协议和新应用的出现从而不断迭代升级业务特征模型，否则就不能有效识别新协议和新应用，而同一类型的新应用与旧应用的流量特征不会出现大的变化，因此基于 DFI 的网络流量检测不需要频繁升级流量行为特征模型。

由于 DPI 技术采用逐包分析、模式匹配技术，可以对流量中的具体应用类型和协议进行比较准确的识别；而 DFI 技术仅对流量行为进行分析，只能对应用类型进行笼统的分类，如将满足 P2P 流量模型的应用统一识别为 P2P 流量，将符合网络语音流量模型的类型统一归类为 VoIP 流量，却无法判断该流量是否采用 H.323 或其他协议。如果数据包是经过加密传输的，DPI 技术将不能识别其具体应用，而 DFI 技术则不受影响，因为应用流的状态与行为特征不会因加密传输而发生根本改变。

1.3 DPI 技术原理

传统的协议识别采用的是端口号识别的方式，这种识别方式能达到较高的速率，但是现在大量的应用层协议不使用固定的端口号进行通信，以逃避防火墙的检查。近年来新出现的众多 P2P 协议，以及越来越多的传统协议，均采用动态端口号进行通信，如 BitTorrent、eMule 等；此外，也有许多协议采用同一端口号，如 Skype、QQ 等协议共用 80 端口号。由于越来越多诸如此类的协议产生，端口号识别方式已无能为力，因此近年来很多的研究工作都致力于开发新的方法来识别应用层协议。

近年来，DPI 技术在国内迅速发展起来，该技术在分析包头的基础上增加了对应用层的分析，是一种基于应用层的网络流量检测和控制技术。DPI 技术是一系列解析识别技术的总称。DPI 技术的优点在于，一方面，具有跨设备的识别分析特点，即利用专有软硬件来完成对网络流量的检测分析和识别统计，该方式独立于业务设备且屏蔽了设备间的差异；另一方面，DPI 技术具备可视化特点，即能够将整网状态以直观可见的方式呈现，以便于进行网络管理和维护，同时可满足更深层次的流量分析需求。对于运营商而言，DPI 是其进行业务流量监控的一种主要技术手段，通过解析并提取数据包在封装过程中所添加的各层头部信息，然后与已有规则库中的特征信息进行匹配，从而进行流量的识别，实现网络流量的分析统计、网络优化及网络安全管控，以实现服务差异化、计费多样化、营销精细化并为部分增值业务提供技术支持，同时也是数据挖掘方向的主要技术之一。精确的流量识别是对网络流量进行管控和疏导、对网络信息安全进行管控、对网络流量数据价值进行挖掘和利用的先决条件。

基于 DPI 技术的网络流量检测的具体实现过程如下。当 IP 数据包、TCP 数据流或 UDP 数据流经过基于 DPI 技术的网络系统设备时，DPI 引擎利用不同的解析识别方式、通过深入读取 IP 数据包载荷的内容来对 OSI 参考模型中的应用层信息进行重组，从而识别出 IP 数据包的应用层协议。

常用的 DPI 解析识别方式包括载荷特征匹配解析识别方式，控制流、业务流关联解析识别方式，行为模式解析识别方式等，其解析识别原理如图 1-5 所示。

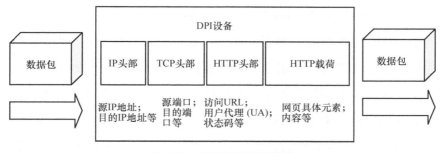

图 1-5　DPI 解析识别原理

1.3.1　载荷特征匹配解析识别方式

不同的应用通常会采用不同的协议，而不同的协议都有其特殊的特征，这些特征可能是特定的端口号、特定的字符串或者特定的比特序列。载荷特征匹配解析识别技术的原理是通过检测业务流中特定数据包的特征信息来确定业务流承载的应用。当应用发生变化时，只要对相应的特征信息进行升级，该技术就可以很方便地进行扩展，实现对新协议的检测。

在当前的网络数据流量中，大部分流量由超文本传送协议（HTTP）承载。将 HTTP 承载的流量分为明文包头的流量和非明文包头的流量。载荷特征匹配解析识别方式示例如图 1-6 所示。

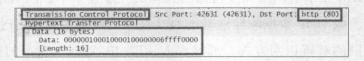

图 1-6　载荷特征匹配解析识别方式示例

① 对于明文包头的流量，可通过 IP 五元组及应用层特定字段中的规律性字符进行识别，如主机（HOST）、统一资源标识符（URI）、来源地址（REFERER）、在线主机（X-ONLINE-HOST）、用户代理（USER AGENT）的特定标识字符等。

② 对于非明文包头的流量及经过加密处理的超文本传输安全协议（HTTPS）流量，需要利用 TCP 载荷中的二进制字符规律进行识别。基于 TCP 载荷中的二进制字符规律的识别方法又包括两个分支，具体如下。

- 其一为固定特征位置识别，其特征字符在固定的比特位出现，如符合的传输层协议为 TCP，端口号为 80，TCP 载荷的 1~2 字节为"0000"，3~4 字节为 TCP 载荷长度，5~8 字节为 "00100001" 的业务流，可将其归属为微信聊天业务。

- 其二为变动特征位置识别，其特征字符出现的位置并不固定，但该字符总会出现，如符合的端口号为 8000，TCP 载荷的 1～4 字节为"005e0015"，且在之后任意位置含有字符串"id-type=mobile"的业务，都将其归属为飞信聊天业务。

1.3.2　控制流、业务流关联解析识别方式

有些业务采用控制流与业务流分离的方式，通过控制流完成握手，协商业务流的端口号信息，然后进行信息流传输，其业务流没有任何特征。因此，通过 DPI 技术首先识别出控制流，并根据控制流协议解析识别出业务流的端口号或对端网关 IP 地址等信息，然后对业务流进行解析，从而识别出相应的业务流，会话起始协议（SIP）、H.323 协议都属于这种类型的协议。SIP、H.323 协议通过信令交互过程协商得到其数据通道，一般是 RTP 格式封装的语音流。单纯检测 RTP 流并不能确定这条 RTP 流是通过哪种协议建立起来的，只有通过检测 SIP 或 H.323 协议的信令交互，提取用户面的传输 IP 地址及端口号，才能得到其完整的流量分析。

1.3.3　行为模式解析识别方式

现网中的部分码流，既不属于明文 HTTP 承载，在载荷中也未发现明显的字符规律，且应用层还进行了传输层安全协议（TLS）加密，但源 IP 地址和目的 IP 地址发送、接收码流的频率及包的大小存在一定的规律，对于这类码流，可尝试通过用户行为规律分析进行识别。行为模式解析识别技术可根据用户已经实施的行为，判断用户正在进行的动作或者即将实施的动作，如现网中的垃圾邮件，其大小、发送频率、目的邮件 IP 地址和源邮件 IP 地址、发生变化的频率和被拒绝的频率等通常都具有一定的规律，基于行为模式解

析识别，可对此类业务进行标签归类。行为模式解析识别过程主要包含 3 个环节，如图 1-7 所示。

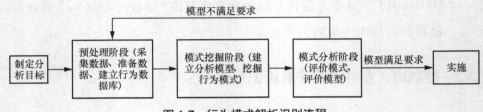

图 1-7　行为模式解析识别流程

首先，制定分析目标，分析目标可以是某个特定 IP 地址的业务。

然后进入第 2 个环节，该环节又分为以下 3 个阶段：（1）预处理阶段，针对分析目标进行数据采集过滤，建立专属的行为数据库；（2）模式挖掘阶段，根据采集到的数据建立分析模型并挖掘其行为模式；（3）模式分析阶段，根据新采集的数据验证、评估建立的行为模式，若不满足要求，则循环此环节，否则进入下一环节。

最后，将建立的行为模式应用于现网流量的分析。

1.3.4　DPI 系统的硬件方案

DPI 系统中最重要的部件是用于处理数据包的业务处理芯片。因此，随着半导体技术的持续发展、各种处理芯片的不断面世，以及应用场景的多样化，DPI 系统的硬件架构也在不断丰富和变化。

早期的 DPI 系统大多采用 x86 架构的硬件进行开发。选择 x86 硬件的首要原因是硬件容易获得，不需要 DPI 厂商自身进行硬件的开发或设计；其次，可适配 x86 CPU 的操作系统软件，如各种开源的 Linux 或 UNIX 操作系统，同时开发使用的开源软件生态环境都非常丰富，具有容易获得技术支持、产品功能的开发周期较短、开发难度相对较低的优点。但早期采用 x86 硬件的 DPI 系统也存在不足之处，DPI 系统最常用的 Linux 操作系统的控制平面和数据转发平面没有分离，不适合处理大规模网络流量。2005 年 DPI 系统的单机数据处理能力约为 1Gbit/s，无法满足运营商城域网等大流量应用场景下的数据处理要求。因此，当时采用 x86 架构的 DPI 系统通常用于流量较小的企业级应用场景，如企业级应用层流量控制或上网行为管理等产品。

2008 年前后，随着上网行为管理产品在企业用户中的推广和普及，基于 x86 架构的上网行为管理产品价格相对较高，中小企业难以接受，为满足中小企业对产品性价比的要求，基于进阶精简指令集机器（ARM）硬件的上网行为管理产品的应运而生。此类上网行为管理产品的处理性能适中，处理能力为 20～200Mbit/s，而价格较基于 x86 架构的上网行为管理产品有明显优势，可很好地满足中小企业对产品高性价比的要求。其后，随着 Cavium 公司推出内嵌 DPI 协处理器的无内部互锁流水级的微处理器（MIPS）架构 CPU，市面上也出现了不少基于该公司 MIPS 架构处理器的 DPI 系统。

2014 年，英特尔公司将数据平面开发套件（DPDK）技术正式向公众开源，2014 年 4 月正式成立了 DPDK 开源社区，DPDK 中基于 Linux 的数据转发平面优化的轮询中断模式驱动（PMD）与传统 Linux 内核软件转发相比，能显著提升数据转发平面的处理性能。另外，随着摩尔定律持续发挥作用，x86 CPU 的核数、主频等技术指标也在飞速提升。目前采用 DPDK 技术并搭载高性能 CPU 的 DPI 系统在串接模式下进行应用层流量控制时可达到 100Gbit/s 以上的处理性能。由于 x86 架构的 DPI 系统解决了性能瓶颈问题，且硬件通用性强、易于采购，运营商网络中部署的大部分 DPI 系统通常采用 x86 硬件。

最后，还有一条非常值得关注的硬件技术发展路线，即基于现场可编程门阵列（FPGA）的 DPI 系统。在 DPI 行业中，少数厂商基于自身硬件研发技术的积累，没有采用传统的通用处理器（如 x86、ARM、MIPS 处理器）作为设备中的数据处理芯片，而是采用 FPGA 硬件方案，通过对芯片进行硬件编码的方式来实现 DPI 功能、开发 DPI 系统。该类 DPI 系统的优势是转发时延较低、性能更稳定；缺点是开发周期较长，对研发人员的开发能力要求非常高。该类产品非常适用于大流量应用场景下的流量管控。

1.4 DPI 技术的标准化

1.4.1 国际标准化组织

国际电信联盟标准化部门（ITU-T）是 ITU 管理下的专门制定电信标准的分支机构，近 10 年在 DPI 方面开展了国际标准制定工作，相关标准化工作如下。

2012 年，在 ITU-T Y.2770 建议书中规定了下一代网络（NGN）中 DPI 实体的技术要求[6]，特别是应用识别、流识别、检测的流量类型、签名管理、向网络管理系统（NMS）报告及决策功能实体。尽管该建议书针对的是 NGN，但这些要求可能适用于其他类型的网络。

2014 年，在 ITU-T Y.2771 中提供了一个关于 DPI 的框架，该框架描述了一种结构化方法，用于设计、定义和实施 DPI 解决方案，以支持服务或应用程序感知，从而推动演进网络的互操作性[7]。它主要从架构的角度来识别和帮助理解网络问题。该建议书还提供了建模和性能方面的 DPI 框架，此类框架的目的主要是描述 DPI 功能和其他网络功能之间可能存在的关系，以帮助确定 DPI 功能的要求（这是其他 ITU-T 建议书的主题，如 ITU-T Y. 2770），并帮助进行术语工作（如当定义与功能模型相关时）。

2017 年，ITU-T Y.2773 建议书规定了演进网络中 DPI 的具体性能模型和 DPI 性能指标的测量点，以及 DPI 性能指标的分类方法[8]。此外，该建议书还指定了 DPI 性能描述模板和 DPI 特定性能指标。

2018 年，ITU-T Y.3650 建议书规定了大数据驱动网络（bDDN）的框架[9]。该建议书的内容包括 bDDN 的模型架构、bDDN 的高级能力以及不同平面和层之间的接口能力。

2018 年，ITU-T Y.3651 建议书规定了与 bDDN 相关的一些技术方面的要求，主要是移动网络流量管理和规划[10]。在移动网络中，无时无刻不在产生大量反映移动网络真实运行状况和客户实际体验的流量数据。基于移动网络产生的大数据，可以实现更高效的移动网络管理和合理规划。为了研究相关内容，该建议书的内容包括 bDDN 的要求、框架、参考点、性能方面、安全考虑以及移动网络流量管理和规划。

2019 年，ITU-T Y.2774 建议书规定了对未来网络的 DPI 的一般要求，如软件定义网络（SDN）、网络功能虚拟化（NFV）等的 DPI 功能要求[11]。除此之外，该建议书的内容还包括服务功能链（SFC）和 DPI 即服务的 DPI 功能要求，以及不断发展的移动网络的 DPI 功能要求。

2019 年，ITU-T Y.2775 建议书规定了与未来网络相关的通用 DPI 功能体系架构、SDN 的 DPI 功能体系架构、NFV 的 DPI 功能体系架构、SFC 和 DPI 即服务的 DPI 功能体系架构及不断演进的移动网络的 DPI 功能体系架构[12]。

2020 年，ITU-T Y.3652 建议书规定了 bDDN 的技术要求。该建议书研究了 bDDN 的一般要求、bDDN 的大数据平面要求、bDDN 的网络平面要求、bDDN 的管理平面要求和 bDDN 的接口要求[13]。

2021 年，ITU-T Y.3606 建议书规定了应用于网络环境的大数据的 DPI 机制[14]。ITU-T Y.3606 的内容包括：介绍通用 DPI 和大数据 DPI 之间的差异；进行大数据处理程序概述；介绍 DPI 与大数据相关技术之间的关系；将 DPI 的数据分类机制用于网络中的大数据；将 DPI 的数据预处理机制用于网络中的大数据；介绍网络大数据背景下的 DPI 协调处理机制；介绍 DPI 与上层大数据相关方法之间的接口。

1.4.2 国内标准化组织

中国通信标准化协会（CCSA）是国内企事业单位自愿联合、组织，经业务主管部门批准，国家社会团体登记管理机关登记，开展通信技术领域标准化活动的非营利性法人社会团体，近年来在 DPI 方面开展了通信行业的标准制定工作，相关情况如下。

YD/T 1899—2009《深度包检测设备技术要求》。该标准规定了 DPI 设备的各项技术要求，包括功能要求、可靠性要求、安全要求、接口要求、操作维护要求、可扩展性要求、性能要求，以及功耗、电气安全、电源定时与同步等方面的要求[15]。该标准适用于 DPI 设备，其他集成 DPI 功能的网络设备也可参考使用。

YD/T 1900—2009《深度包检测设备测试方法》[16]。该标准规定了 DPI 设备的测试方法，包括接口测试、组网方式测试、服务质量测试、业务识别功能测试、业务控制功能测试、可靠性测试、可扩展性测试、统计报表功能测试、管理功能测试、附加功能测试和性能测试。

YD/T 1901—2009《互联网业务识别系统应用场景和总体需求》[17]。该标准给出了互联网业务识别系统在运营商网络、企业网络和家庭网络中的应用场景，以及为满足这些应用场景的需求，互联网业务识别系统所必备的能用性需求，包括功能需求、管理需求、安全需求、性能需求、可扩展性需求和可靠性需求。

YD/T 2025—2009《互联网业务识别与管理系统总体框架》[18]。该标准规定了互联网业务识别与管理系统的功能参考模型、功能实体和参考点，提出了互联网业务识别与管理系统的相关功能的可能实现方式，并明确了系统的安全要求。该标准适用于互联网业务识别与管理系统，或者集成了互联网业务识别与管理功能的网络设备。

YD/T 2271—2011《深度报文监测设备联动需求与体系架构》[19]。该标准根据 DPI 设备联动的需求，制定了 DPI 设备联动体系架构及功能参考模型，即该标准包括 DPI 设备联动系统管理、安全和可靠性的需求，DPI 设备联动体系架构和功能参考模型、DPI 设备联动体系架构中各功能模块的主要作用及功能模块之间的交互接口，DPI 设备联动体系架构中的相关流程实现。该标准适用于采用 DPI 设备进行业务识别及控制的网络，或者集成 DPI 业务功能的相关网络设备。

YD/T 2931—2015《基于分离架构的深度包检测系统技术要求　独立式流量采集设备》[20]。该标准规定在 DPI 系统的前端采集设备和后端数据综合分析平台松耦合的架构下，固网宽带独立式 DPI 系统的技术要求，包括设备接口要求、全应用采集识别与管理功能、用户行为采集识别与管理功能、性能指标、管理要求等。该标准适用于固网宽带独立式 DPI 系统。

YD/T 2932—2015《基于分离架构的深度包检测系统技术要求　接口功能》[21]。该标准规定了基于分离架构的 DPI 系统与数据综合分析平台间的交互接口（以下简称"U 接口"），包括接口的功能描述、接口模型的说明等。

YD/T 2933—2015《基于分离架构的深度包检测系统技术要求　数据综合分析平台》[22]。该标准规定在 DPI 系统的前端采集设备和后端数据综合分析平台松耦合的架构下，后端数据综合分析平台的架构和总体要求、软件功能要求、性能要求、管理要求、与前端采集设备的对接要求等。该标准适用于固网宽带 DPI 系统的数据分析及应用支持，而未纳入移动网 DPI 系统数据分析的要求。

YD/T 4266—2023《基于 NFV 的深度包检测设备技术要求》[23]。该标准规定了 NFV 场景下虚拟化 DPI 设备的各项技术要求，包括虚拟化 DPI 系统架构、功能要求、性能要求、操作维护要求、可扩展性要求等技术要求。该标准适用于 NFV 场景下的 DPI 设备，其他集成 DPI 功能的 VNF 网元也可参考使用。

目前 CCSA 正在制定的标准还有以下项目。

《深度报文检测（DPI）设备与流控平台接口技术要求》。该标准适用于运营商骨干网间流控平台的建设，是 DPI 系统和流控平台之间通信接口的技术依据。该标准规定了运营商骨干网间 DPI 系统与网间流控平台之间接口的技术要求，是 DPI 系统与网间流控平台之间通信需要遵从的技术文件，主要包括以下几方面内容：网间流控平台功能概述、接口定义、消息流程、消息结构、文件格式等。

《基于深度包检测（DPI）的移动业务关键质量指标（KQI）技术要求》。该标准定义了时分双工长期演进技术（TD-LTE）网络基于信令采集数据的指标定义，主要涉及 S1-MME、S1-U、Sv、Rx、Mw 等接口，供电信运营商开展网络质量评估及网络优化工作参考。

《5G 深度包检测系统架构与功能技术要求》。该标准规定了 5G DPI 系统的总体架构与功能技术要求，对一些主要的应用场景进行了分析，给出了 5G DPI 系统的参考实现方案，定义了 DPI 系统对 5G 接口的采集功能要求，以及相关采集设备的功能技术要求，可供设备商或运营商参考。

《基于电信边缘云的虚拟化深度包检测（DPI）组网技术要求》。该标准规定了虚拟化 DPI 与边缘云组网方案，包括 5G NSAMEC 边缘云部署架构和 5G SA MEC 边缘云部署架构下的虚拟化 DPI 组网方案。在边缘云中部署 vDPI

虚拟网元，实现用户面的数据流量采集功能。该标准适用于虚拟化 DPI 与边缘云组网方案。

《5G 深度包检测系统测试方法》。该标准规定了移动互联网场景下 DPI 设备的测试方法，适用于 DPI 设备及系统的测试与评估，设备研发、管理也可参考使用。

《网络流量分析与检测响应产品技术要求和测试方法》。该标准提供了网络流量分析与检测响应产品（包括具有网络流量分析与检测响应功能的产品）的技术要求、测试检验方法和评价方法。该标准适用于指导网络流量分析与检测响应产品（包括具有网络流量分析与检测响应功能的产品）开发者进行产品测试、产品选型，或者产品使用者进行选择或验收测试，也适用于第三方评价者进行产品成熟度评价和产品功能评价。

《基于流量数据的移动应用分析技术要求》。该标准定义了基于流量数据的移动应用分析的总体技术要求，适用于电信运营商移动网络模式下移动应用分析技术体系的研发、建设和运营及服务。

《深度包检测设备支持多规则列表的测试方法》。该标准主要规定了 DPI 设备支持多规则列表的测试方法，包括设备接口测试、多规则列表/策略组逻辑管理、多业务用户资源复用管理、网络流量/报文筛选、流/包/会话特征深度识别、流/包/会话特征提取、数据信息统计、日志和记录生成等性能的测试方式、测试操作步骤、判定标准等。

《深度包检测设备支持多规则列表的技术要求》。该标准主要规定了 DPI 设备支持多规则列表的技术要求，包括DPI 设备的典型部署和业务应用场景，多业务规则空间管理，业务规则列表/策略组逻辑管理，多业务用户资源复用管理，多规则列表的流/包/会话等颗粒度识别、分析、统计、处理等业务功能，以及相应的性能要求。

1.5 DPI 技术的应用需求

1.5.1 DPI 技术在业务分析方面的应用

1．基于 DPI 的业务识别和业务统计

业务识别和业务统计对于运营商开展网络规划及建设、运营有着非常重要的作用。一方面，运营商需要了解网络中的流量类型、占用的带宽、流量的特点、流量的分布等情况，从而调整网络架构以及应用相关技术以满足各种业务的承载需求[24]。另一方面，运营商可以通过业务识别和业务统计，对低价值的流量进行限速，节约网络资源以满足高价值流量对网络资源的需求[25]。通过部署 DPI 系统，可以对业务流量从数据链路层到应用层的数据包进行深度检查、分析。依据端口号、协议类型、特征字符串和流量行为特征等参数，获取业务类型、业务状态、业务内容和用户行为等信息，并进行分类统计和存储。DPI 技术对传统的网络流量检测技术进行了"深度"扩展，在获取数据包基本信息的同时，对多个相关数据包的应用层协议头和协议负荷进行扫描，获取寄存在应用层中的特征信息，对网络流量进行精细的检查、监控和分析，准确识别各种业务流的类型。目前基于 DPI 的业务识别系统支持上千种协议和应用的自动识别，基本覆盖了目前主流的网络协议和应用类型，如常用的应用层协议（如 HTTP），以及视频、网络邮箱、HTTP 下载、P2P 下载、即时通信、网络电视、网络电话等应用。

业务统计一般是在运营商基于 DPI 技术识别各类业务后，通过对识别业务数据的加工，提供多角度的报表，包括网络流量分析报表、应用业务分析

报表、并发数统计报表、流量走向统计报表等，并且能够实现用户自定义 IP 地址或应用的统计分析报表，直观地统计网络中的某个 IP 地址、某个协议、某个时段等详细信息，全面反映整个网络业务流量的分布和用户的各种业务使用情况，为网络和业务优化策略的制定提供依据。如统计、分析网络中攻击流量的占比，多少用户正在使用某种游戏业务，哪几种业务消耗了网络的带宽，从而根据业务识别的结果对不同用户、不同业务流采取阻断、限速、整流等差异化控制措施。

2．基于 DPI 的用户信息和位置信息获取

位置信息是用户的一类关键信息，运营商可以依据用户位置信息开发相关的应用，开展精准营销、精准规划、精准推送等。运营商进行网络规划、优化等都离不开用户位置信息，目前运营商还利用用户位置信息开展了与各行业的合作，包括城市规划、店铺选址、旅游景点热度分析等。在精准推送方面，基于用户位置信息，商家可以为用户推送相关的广告，从而影响用户的商业行为。

DPI 可以采集移动用户的用户面数据和信令面数据，通过关联分析，获得以下信息：

① 用户标识信息，包括用户永久标识符（SUPI）、通用公共用户标识符（GPSI）等；

② 用户接入网元信息，主要包括基站编号、无线载扇编号、负责接入的核心网接入和移动性管理功能（AMF）信息、会话管理功能（SMF）信息等；

③ 时间戳信息，主要包括信令消息生成的开始时间、结束时间的时间戳信息；

④ 结合基础电信运营商的无线网络工程参数信息（主要包括"基站编号+无线载扇编号"对应的基站安装位置经纬度信息，即安装地理位置信息等）及核心网工程参数信息（主要包括 AMF 或 SMF 设备名称、IP 地址、设备域

名、设备安装机房位置等信息），关联出 Who（哪一个用户）、When（在什么时间点或时间段）、Where（在什么地方）等关键信息。

使用传统方式获取的用户位置信息主要是基于用户接入的无线基站信息获取的，这类信息精度相对较低，一般精度范围为几百米至几千米。而 DPI 可以通过分析终端与应用服务器的交互信息来获取用户位置的经纬度信息，这些信息很多时候是借助全球定位系统（GPS）获取的，精度能够达到 50m 以内，因此能够基于 DPI 技术开发更多基于用户位置信息的应用产品。

1.5.2 DPI 技术在业务感知与质量提升方面的应用

随着无线接入速率的提高、移动互联网的迅速发展，业务感知质量已经成为影响移动互联网业务发展的重要因素。运营商需要全方位、分层次地对用户行为和业务流量进行分析、研究和控制，从而为用户提供更可靠的优质服务。在移动用户端到端的复杂场景下，面向关键绩效指标（KPI）的以问题为导向的传统网络人工优化方式存在操作效率低、质差问题定位周期长、定位精度差、客户体验不佳等问题[26-27]。根据调查，98%拥有负面用户体验的客户选择不投诉，且其中一半拥有负面用户体验的客户会选择直接转网。因此，无法及时发现并处理用户业务感知质量问题的情况将会使运营商面临大量客户流失的运营风险。利用 DPI 采集的数据进行用户的业务感知精准监测分析和网络故障定界定位，可以在用户投诉之前，提前发现网络问题，并通过问题排查，提升网络质量，从而减少用户的投诉量，提升用户体验和用户对运营商的忠诚度[28]。

用户的业务感知质量指标一般有两种获取途径，一种是通过安装在用户移动终端上的测试 App 对移动互联网业务的感知数据进行采集[29]；另一种是通过部署在核心网上的 DPI 探针对移动互联网业务的感知数据进行采集。

第一种通过移动终端上的 App 采集的指标主要反映端到端的业务感知指标，如端到端网络时延、端到端业务速率以及与业务本身强相关的业务感知指标；第二种通过 DPI 探针采集的指标主要反映网络侧的状态，主要包括时延类指标和速率类指标。这两种方式的关联分析得到的用户体验数据可以准确反映用户的端到端业务体验质量。

通过以上功能可以对全网用户感知数据进行监控，基于指标评估体系，对全网用户进行用网感知质量打分并进行预警监控；然后对质差用户进行栅格显示，聚焦问题集中区域，按质差原因分层显示不同问题区域；最后将用户投诉与质差区域进行关联，将投诉用户按经纬度在质差地图上撒点，关联分析用户所处的网络质量，确定需要优化的用户感知差的区域，指导网优资源的投放。同时，结合网络覆盖、网络效率等方面确定规划站网络价值优先级。最后结合市场价值和社会价值确定需要投放网优资源的区域。

1.5.3　DPI 技术在安全方面的应用

DPI 具有深度的流量特征识别分析能力，在安全管理方面得到了广泛应用。通过部署 DPI 系统对数据包进行深度识别和分析，可以获取在网络安全、数据安全、信息安全等方面的流量特征，从而识别出存在安全威胁的流量，并及时对流量进行阻断，以保障用户访问网络的安全性[30]。

在网络安全方面，通过 DPI 可以主动发现分布式拒绝服务（DDoS）攻击、同步段（SYN）攻击、域名系统（DNS）泛洪攻击、ICMP 攻击等扫描探测活动，以及漏洞利用攻击、暴力破解攻击、结构查询语言（SQL）注入攻击、跨站脚本（XSS）攻击、WebShell 攻击、病毒和木马等异常流量，能较好地弥补防火墙、入侵防护系统和统一威胁管理等其他网络安全设备的不足之处，提升主动发现安全威胁的能力，并能够及时向其他网络安全设备发出告警，从安全威胁源头开始进行主动防御，提升整个网络的安全防护能力。另外，具备网络流量管控能力的 DPI 系统还能够获取并保存流量的网络层信息，例如源 IP 地址或目的 IP 地址、用户标识 ID 等，网络管理者能够通过这些信息进行有效的安全威胁溯源定位和阻断处理。

DPI 系统可以用于监测恶意程序的网络活动，通过解析网络流量，监测恶意程序的典型通信行为特征，及时发现恶意程序的典型通信行为，掌握木马、挖矿、僵尸网络、蠕虫病毒、勒索病毒等恶意程序的活跃状况及计算机失陷感染情况，并发现恶意程序控制端、恶意程序受控端等信息。同时，DPI 还可以用于监测恶意程序的传播活动，具备解析网络流量、关联威胁情报（如 URL、域名、IP 地址等）及对网络中恶意程序传播事件进行监测的能力，DPI 系统需要支持 IP、ICMP 等网络层协议，TCP、UDP 等传输层协议，以及 HTTP、SMTP、POP3、因特网消息访问协议（IMAP）、文件传送协议（FTP）、服务器信息块（SMB）、网络文件系统（NFS）、DNS 等常见应用层协议的识别和解析。

在数据安全方面，DPI 有着广阔的应用前景。DPI 可以用于识别数据访问异常、数据传输异常、数据明文传输、数据异常跨境传输、数据端口号不安全等数据安全风险，并且可以对监测到的数据安全风险进行自动溯源取证，以及对监测到的数据安全风险的原始流量及文件进行取证。DPI 能够单独识别或者与其他信息结合识别出特定自然人身份或反映特定自然人活动情况的全部个人信息，如有相应的数据泄露情况，则对数据源头进行切断，从而保护个人信息安全。

在信息安全方面，DPI 通过对网络中传输的数据进行监测，具备数据流量监测识别和过滤处置的能力，可以发现网络中的违法信息等，并及时将生成的监测记录上报，满足国家对信息安全管理的要求。

参考文献

[1]　MCCLOGHRIE K, ROSE M T. Structure and identification of management information for TCP/IP-based internets: RFC 1065[S]. 1988.

[2]　MCCLOGHRIE K, ROSE M T. Management information base network management of TCP/IP based internets: RFC 1066[S]. 1988.

[3]　CASE J D, FEDOR M, SCHOFFSTALL M L, et al. RFC 1157: simple network management protocol: RFC 1067[S]. 1988.

[4]　申进. 基于 DPI 和 DFI 的网络流量分类方法研究与应用[D]. 绵阳: 西南科技大学, 2020.

[5]　QUITTEK J, ZSEBY T, CLAISE B, et al. Requirements for IP flow information export (IPFIX): RFC 3917[S]. 2004.

[6]　ITU-T. Requirements for deep packet inspection in next generation networks: ITU-TY.2770[S]. 2012.

[7]　ITU-T. Framework for deep packet inspection: ITU-T Y.2771[S]. 2014.

[8]　ITU-T. Performance models and metrics for deep packet inspection: ITU-T Y.2773[S]. 2017.

[9]　ITU-T. Framework of big-data-driven networking: ITU-T Y.3650[S]. 2018.

[10]　ITU-T. Big-data-driven networking-mobile network traffic management and planning: ITU-T Y.3651[S]. 2018.

[11]　ITU-T. Functional requirements of deep packet inspection for future networks: ITU-T Y.2774[S]. 2019.

[12]　ITU-T. Functional architecture of deep packet inspection for future networks: ITU-T Y.2775[S]. 2019.

[13]　ITU-T. Big data driven networking – requirements: ITU-T Y.3652[S]. 2020.

[14]　ITU-T. Big data-deep packet inspection mechanism for big data in network: ITU-T Y.3606[S]. 2021.

[15]　CCSA. 深度包检测设备技术要求: YD/T 1899—2009[S]. 2009.

[16]　CCSA. 深度包检测设备测试方法: YD/T 1900—2009[S]. 2009.

[17]　CCSA. 互联网业务识别系统应用场景和总体需求: YD/T 1901—2009[S]. 2009.

[18] CCSA. 互联网业务识别系统总体框架: YD/T 2025—2009[S]. 2010.

[19] CCSA. 深度报文检测设备联动需求与体系架构: YD/T 2271—2011[S]. 2011.

[20] CCSA. 基于分离架构的深度包检测系统技术要求 独立式流量采集设备: YD/T 2931—2015[S]. 2015.

[21] CCSA. 基于分离架构的深度包检测系统技术要求 接口功能: YD/T 2932—2015[S]. 2015.

[22] CCSA. 基于分离架构的深度包检测系统技术要求 数据综合分析平台: YD/T 2933—2015[S]. 2015.

[23] CCSA. 基于 NFV 的深度包检测设备技术要求: YD/T4266—2023[S]. 2023.

[24] 张雄, 肖慧, 郑淑琴. 基于 DPI 大数据支撑 5G 流量经营的方案研究[J]. 广东通信技术, 2021, 41(7): 7-11.

[25] 徐京. 基于 DPI 的电信业务监控系统的分析与设计[D]. 北京: 北京邮电大学, 2013.

[26] 马啸威, 曹维华, 李文云, 等. 移动互联网业务感知质量优化方法及系统[J]. 广东通信技术, 2017, 37(2): 40-45, 71.

[27] 马啸威, 曹维华, 李文云, 等. 移动互联网 KQI 评测方法及系统实现[J]. 广东通信技术, 2015, 35(10): 45-49, 79.

[28] 贺晓东, 曹维华, 朱华虹, 等. 移动互联网业务感知测试关键技术研究及部署[C]// 2012 全国无线及移动通信学术大会论文集（下）. 2012: 381-384.

[29] 曹维华, 徐霈婷, 贺晓东, 等. 移动互联网业务感知 APP 系统研究及部署[J]. 广东通信技术, 2015, 35(11): 2-5.

[30] 谷红勋, 张霖. DPI: 运营商大数据安全运营的基石[J]. 网络空间安全, 2016(7): 22-26.

第 2 章　5G 网络流量接入

5G 核心网（5GC）架构与 4G 演进分组核心网（EPC）相比发生了巨大的变化，为 DPI 技术的发展带来了许多挑战。为了适应这种变化及应对这些挑战，DPI 技术需要随之演进迭代。DPI 技术通常包括网络流量接入、汇聚分流技术、流量分析技术等部分。本章主要介绍 5G 网络流量接入技术。

2.1　5G 网络概况

2.1.1　5G 网络技术

1. 5G 网络简介

2019 年 6 月 6 日，工业和信息化部向中国电信、中国移动、中国联通、中国广播电视网络有限公司 4 家企业发放了 5G 商用牌照，标志着我国 5G 正式进入商用推广发展新阶段。2020 年 3 月 24 日，工业和信息化部发布《工业和信息化部关于推动 5G 加快发展的通知》，该通知指出，适时发布部分 5G 毫米波频段频率使用规划，为 5G 毫米波技术商用做好储备。2020 年 3 月 25 日，工业和信息化部发布《工业和信息化部关于调整 700MHz 频段频率使用规划的通知》，正式将 700MHz 频段用于 5G 通信。将 700MHz 频段规划用于移动通信系统，为 5G 发展提供宝贵的低频段频谱资源，可推动 5G 高、中、低频段协同发展。

5G 是 4G 的全方位平滑演进，需要支持 eMBB、mMTC、URLLC 三大类业务[1]。eMBB 业务指 3D 或超高清视频、VR、AR 等大流量移动宽带业务，这类业务场景对带宽要求极高，关键性能指标要求主要包括 100Mbit/s 用户体验速率（热点业务场景的用户体验速率可达 1Gbit/s）、数十 Gbit/s 的峰值速率、每平方千米数十 Tbit/s 的流量密度、每小时 500km 以上的移动性等[2]。部分涉及交互类操作的应用（如 VR 沉浸式体验）对时延要求较高，可达到 10ms 量级。mMTC 业务指物联网业务，典型应用包括智慧城市、智能家居等，这类业务对连接数密度要求较高，需要网络支持更多终端，同时不同行业对网络的需求存在差异性。特殊业务场景如视频监控等应用还要求 5G 网络支持高速率。URLLC 指如无人驾驶、工业自动化、远程医疗等业务，这类业务场景对时延极其敏感，同时对可靠性要求极高。该种业务时延一般要求在 1～10ms 量级，要求可用性接近 100%。从发展路线来说，5G 网络在发展初期主要提供 eMBB 业务场景，在中远期发展阶段可以支持 URLLC 和 mMTC 两种业务场景。

2．5G 网络总体架构

5G 基站沿用了 4G 长期演进(LTE)后期阶段的室内基带处理单元(BBU)池化的网络架构，又进一步把 4G 的 BBU 功能分为分布式单元（DU）和集中单元（CU），其中 CU 主要对应原 BBU 的非实时部分，主要负责处理非实时协议和服务，DU 对应 BBU 除去 CU 的剩余部分，主要负责处理物理层协议和实时服务[3]。4G 基站采用铜缆连接射频拉远单元（RRU）和 BBU，而 5G 全面采用光纤，关键性转变包括无线电接入网络的虚拟化、低时延的前传网络、分布式的边缘计算中心。

　　5G 有非独立组网（NSA）和独立组网（SA）两种组网类型。在 NSA 架构中，5G 没有再额外建设核心网，而是与 4G 共用 EPC，如图 2-1 所示。在这种方式下，演进型基站（eNB）为 4G 基站，新空口基站（gNB）为 5G 基站，终端需要支持 LTE 和 5G 新空口（NR）双连接，NR 直接接入 EPC。在 SA 架构中，5G 单独建设核心网，不再依赖已有的 4G 网络架构，5G NR 接入 5GC，如图 2-2 所示。SA 架构是相对更为完整独立的 5G 网络。

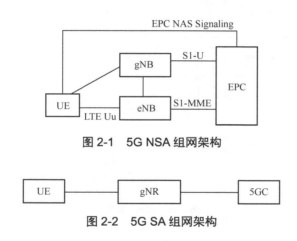

图 2-1　5G NSA 组网架构

图 2-2　5G SA 组网架构

　　由于在 NSA 组网中 5G 没有单独的核心网，既不能支持网络切片，也不能很好地支持 MEC，因此在网络时延、业务部署敏捷性等方面难以满足要求，无法充分释放 5G 的潜力，满足 eMBB、mMTC、URLLC 业务等的要求。由于以上原因，国内运营商以 SA 组网方案为主承载 5G 业务。本书中的 5G 网络流量 DPI 技术应用以 SA 组网架构为主。

　　在架构模式方面，5G 网络采用服务化架构（SBA），将传统网元转换为网络功能（NF），NF 再被分解为多个"网络功能服务"。SBA 由"网络功能服务""基于服务的接口"组成，网络功能可由多个模块化的"网络功能服务"组成，并通过"基于服务的接口"来展现其功能，因此"网络功能服务"可以被授权的 NF 灵活使用。通过模块化实现网络功能间的解耦和整合，将各个解耦后的网络功能抽象为网络服务，在应用中可以独立扩容、独立演进、按需部署。同时，控制面所有 NF 之间的交互采用服务化接口，同一种服务可以被多种 NF 调用，这样降低了 NF 之间接口定义的耦合度，最终实现整网功能的按需定制，灵活支持不同的业务场景和需求。

根据第三代合作伙伴计划（3GPP）标准定义，5GC 架构如图 2-3 所示[4]。

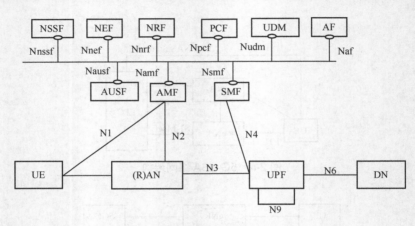

图 2-3 5GC 架构

表 2-1 是 5GC 架构中主要网元的功能介绍[5]。

表 2-1 5GC 网元主要功能

网元	功能用途
AMF	终结无线电接入网络（(R)AN）控制平面接口（N2 接口）；终结非接入层（NAS）（N1 接口），NAS 加密和完整性保护；注册管理；连接管理；可达性管理和移动性管理；合法监听；用户设备（UE）和 SMF 之间的消息传递；接入鉴权和接入授权等
SMF	会话管理，包括会话建立，修改和释放等；UE IP 地址的分配和管理；选择和控制用户面功能（UPF）；终结策略控制功能（PCF）的接口；控制会话相关策略执行和服务质量控制；合法侦听；计费相关功能；决定会话的会话和服务连续性（SSC）模式等

续表

网元	功能用途
UPF	无线电接入类型（RAT）内/间移动性锚点；与外部数据网络互联的协议数据单元（PDU）会话节点；数据包路由和转发；数据包检测；用户面策略执行；合法侦听；用户面服务质量处理；下行数据包缓存等
PCF	主要功能是支持统一的策略架构；为控制面提供策略规则；访问统一数据库中的签约数据用于策略决策[6]
NEF	网络开放功能（NEF），3GPP NF 通过 NEF 向其他 NF 或第三方、应用功能（AF）等开放能力和事件；外部应用通过 NEF 向 3GPP 网络安全地提供信息；在 AF 和核心网之间进行信息转换并对外屏蔽网络和用户敏感信息等
NRF	网络存储功能（NRF）、支持服务注册／去注册和发现，NRF 接收来自 NF 实例的 NF 发现请求，并提供发现的 NF 实例的信息；维护可用 NF 实例的 NF 配置文件及其支持的服务
UDM	统一数据管理（UDM），3GPP 认证与密钥协商（AKA）协议认证证书的生成；用户标识处理；基于签约数据的接入授权；服务于 UE 的 NF 的注册管理；签约管理；合法侦听等[7-8]
AUSF	鉴权服务器功能（AUSF）：支持 3GPP 接入和非 3GPP 接入的鉴权
UDR	统一数据库（UDR），支持 UDM 存储和检索签约数据；支持 PCF 存储和检索策略数据；支持 NEF 存储和检索用于能力开放的结构化数据及应用数据
NSSF	网络切片选择功能（NSSF），选择为 UE 提供服务的 NS 实例集；确定 Allowed 网络切片选择辅助信息（NSSAI）；确定 Configured NSSAI；确定为 UE 提供服务的 AMF 集或一组候选 AMF
UE	指能够连接 5G 网络的终端设备总称
(R)AN	以无线电波或者其他方式将用户信号接入 5GC 网络的一系列设备组合而成的网络
DN	数据网（DN），一般是指互联网，也可以指第三方服务

在设备部署方面，5G 网络采用控制面与用户面分离（CUPS）架构，同时实现接入和移动性管理、会话管理的独立进行。用户面去除承载概念，QoS 参数直接作用于会话中的不同流。通过不同的用户面网元可同时建立多个不同的会话并由多个控制面网元同时管理，实现本地分流和远端流量的并行操作。5G 网络可以在有效降低前传带宽需求的同时实现统一管理调度资源、提

升能效，也可以进一步实现虚拟化。通过引入 MEC，可以缩短传输距离，从而降低网络时延[9]。网络 UPF 摆脱"中心化"的限制，使其既可灵活部署于核心网（中心数据中心），也可部署于接入网（边缘数据中心），最终实现可分布式部署。

在应用服务方面，5G 引入网络切片（NS）技术。5G 网络将面向不同的应用场景，如超高清视频、VR、大规模物联网、车联网等，不同的应用场景对网络的移动性、安全性、时延、可靠性，甚至是计费方式的要求都是不一样的，因此 NS 技术就是根据网络时延、带宽、安全性、可靠性等需求特征，把运营商的一张物理网络分成多个虚拟网络，每个虚拟网络面向不同的应用场景需求。虚拟网络间是逻辑独立的。在 NS 中，业务供应商可以向不同用户提供不同的网络、不同的网络管理方式、不同的网络服务、不同的计费方式，让用户可以更高效、智能地使用 5G 网络。

3. 5G 网络语音业务架构

长期演进语音承载（VoLTE）是运营商在 LTE 阶段提供的基于 IP 多媒体子系统（IMS）的基础语音类业务。VoLTE 业务包括基本语音业务、基本视频业务、IP 短消息业务、补充业务、增值业务及智能业务。它是一种 IP 数据传输技术，不需要 2G/3G 网络，4G 网络承载全部业务，实现数据业务与语音业务在同一网络下的统一[10]。新空口承载语音（VoNR）是基于纯 5G 网络接入的通话解决方案，实现 5G 网络同时承载语音业务和数据业务。在上述方案下，5GC 需要支持接入 IMS，NR 基站需要支持语音承载。

5G 网络的部署和完善是一个长期的渐进过程，在短期内实现全覆盖相对较难。预计 4G 网络与 5G 网络将长期共存，并由 4G 网络提供全覆盖，5G 网络提供高容量。为保持语音业务的连续性，避免频繁切换对语音业务的影响，在 5G 应用初期一般采用 5G 回落 VoLTE 方案，又称 EPS

Fallback。5G 语音业务 EPS Fallback 架构如图 2-4 所示。IMS 网络与 5GC
网络对接实现 5G 用户的 IMS 注册，在这种情况下，5GC 需要支持接入
IMS，NR 不需要支持语音承载，语音承载建立时触发切换回落到 4G 网络
进行 VoLTE。随着 VoNR 的技术和网络条件进一步成熟，适时基于 IMS
网络开展 VoNR 业务，实现 5G 网络同时承载语音业务和数据业务，从而
实现更高质量的语音业务[11-12]。

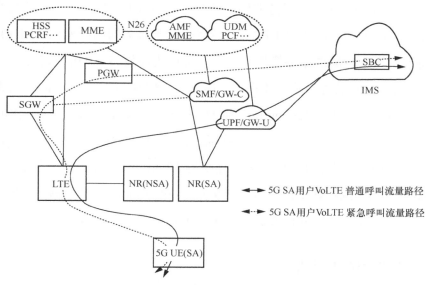

图 2-4　5G 语音业务 EPS Fallback 架构

　　对于 5G 语音业务 EPS Fallback，在 5G 网络完成注册后将通过 5G 网络
注册到 IMS 网络。当用户发起呼叫或者接收到终呼请求，需要建立语音或者
视频专用承载时，由于 NR 暂不支持语音业务，NR 会拒绝建立语音专用承
载，因此 5GC 指示用户面接入 4G 基站，然后由核心网优选 UPF 或用户面网
关（GW-U）转发至会话边界控制器（SBC）。紧急呼叫采用与 4G VoLTE 相
同的路径，由 4G EPC 网络服务网关（SGW）或分组数据网网关（PGW）提
供 VoLTE 承载。

4．5G 与 4G 网络的区别

很明显，5G 网络和 4G 网络存在巨大差异，这将为网络流量检测技术带来新的挑战。为方便读者更加深刻理解后文内容，本书此处仅列出以下几项主要区别。

4G 网络是基于网元的传统网络架构，采用 BBU、RRU 两级(R)AN 结构，基于网元实现控制和转发，其特点是硬件设备固定、连接固定、功能及信令交互固化；而 5G 是基于服务的网络架构，采用 CU、DU 和有源天线单元（AAU）三级(R)AN 结构，CUPS，其特点是基于服务的网络架构，网元虚拟化，将专用设备拆解成服务模块，且基于应用程序接口（API）调用。

4G 网络一般以省为单位建设，一般峰值传输速率为 150Mbit/s、体验速率为 10Mbit/s，时延为 30～50ms；而 5G 网络信令面设备以省为单位集中建设或将省分为多个大区建设，用户面设备则部署在省中心、地市或边缘园区，一般峰值传输速率为 20Gbit/s、体验速率为 100Mbit/s，时延大约在 1ms。

4G 网络不具备 NS 功能，5G 网络具备 NS 功能，其可根据网络时延、抖动、吞吐量等指标划分传输通道，满足多种需求的应用场景。

2.1.2　5G 网络接口类型

根据 3GPP 标准定义，5GC 架构接口示意图如图 2-5 所示。由图 2-5 可以看出，在 5G 网络中，网元间的接口主要被分为两种，即服务化接口和非服务化接口。服务化接口为在控制面（信令面）网元（如 AMF、SMF、UDM）之间进行通信时所使用的接口，如 Namf、Nsmf、Nudm；非服务化接口主要为在用户面网元之间、用户面与信令面之间进行通信时所使用的接口，如 N1/N2、N3[4]。

为便于区分各个网元与其他网元间的通信接口，3GPP 仍定义了参考点（RP）。

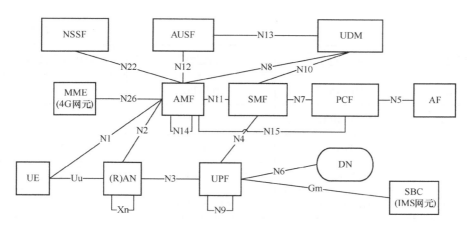

图 2-5　5GC 架构接口示意图

表 2-2 为各 5G 主要接口定义及相关描述。

表 2-2　5G 主要接口定义及相关描述

5G 接口	两端网元	协议类型	对应 4G 接口
N1	AMF-UE	NG-AP NAS	S1-MME
N2	AMF-(R)AN	NG-AP	S1-MME
N3	UPF-(R)AN	GTP-U	S1-U
N4	UPF-SMF	PFCP	Sx
N5	PCF-AF	HTTP/2	Rx
N7	SMF-PCF	HTTP/2	Gx
N8	AMF-UDM	HTTP/2	S6a
N10	SMF-UDM	HTTP/2	S6a
N11	AMF-SMF	HTTP/2	S11
N12	AMF-AUSF	HTTP/2	S6a
N14	AMF-AMF	HTTP/2	S3/S10
N15	AMF-PCF	HTTP/2	无

续表

5G 接口	两端网元	协议类型	对应 4G 接口
N22	AMF-NSSF	HTTP/2	无
N26	AMF-MME	GTP-C	无
Gm	UPF-SBC	SIP	Gm
Xn	(R)AN-(R)AN	Xn-AP	X2
Uu	UE-(R)AN	NG-AP NAS	Uu

2.2 5G 网络流量接入技术

　　5G 网络采用了云化部署方式和 SBA 组网，与 4G 网络及以前的核心网采用实体网元部署的方式不同，如何采集 5G 网络流量并输入后端的 DPI 系统成为 5G 网络 DPI 技术的首要问题。本书将采集网络流量并输入后端应用系统的过程定义为流量接入过程，将在这个过程中使用的技术定义为流量接入技术。

　　由于 5G 网络架构的大幅度变化，仅靠传统的流量接入技术如基于设备物理端口的分光采集技术将难以满足 5G 服务化接口流量采集需求，因此，对于新的网络接口类型，需要采用新的流量接入方式。

2.2.1　端口镜像技术

1. 传统物理端口镜像技术

　　端口镜像简称镜像，是指通过交换机或路由器等设备，将某个指定端口（被称为源端口或镜像端口）的流量复制转发到另一个指定端口（被称为目的端口或观察端口）输出，而不影响原始流量正常通信的技术[13]，可以使用规则按需复制源端口的全部流量或者部分流量。端口镜像常用于网络的运营和维护中对业务进行监测及故障定位，通过端口镜像将需要分析的业务流量镜像到观察端口，再接入网络分析监控设备，分析业务数据包，判断网络或者业务是否正常。

端口镜像的具体工作原理如图 2-6 所示。对于指定的某一个端口，想要将该端口的流量镜像到网络分析监控设备上，需要通过交换机/路由器将指定端口配置为镜像端口，同时指定观察端口，然后复制镜像端口发送或接收的流量，并且不影响原始流量的正常转发，再将复制的流量转发到观察端口，通过观察端口将镜像的流量发送至网络分析监控设备上。因为容易与其他业务发生冲突，观察端口通常不会配置其他业务，故观察端口通常固定只用于镜像的业务。同时由于考虑到镜像流量所需要的带宽及对交换机/路由器 CPU 等资源的消耗，通常不会将端口流量满速率地镜像出来。

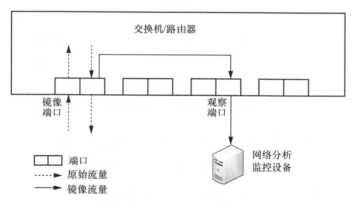

图 2-6 端口镜像的具体工作原理

端口镜像根据需要镜像的源端口流量方向被分为入方向镜像、出方向镜像及双向镜像。其中，入方向镜像指仅将镜像的源端口接收的流量复制转发到目的端口处；出方向镜像指仅将镜像的源端口发送的流量复制转发到目的端口处；双向镜像指将镜像的源端口接收和发送的流量均复制转发到目的端口处。在现实应用过程中，为了能够全面地监测及分析网络情况，一般采用双向镜像。

由于现网网络复杂而庞大，网络分析监控设备不可能均随观察端口就近部署，因此，有时候端口镜像的流量需要经过网络传输后才能到达网络分析监控设备。根据观察端口是否与网络分析监控设备直接相连，可将端口镜像分为本地端口镜像和远程端口镜像。

本地端口镜像是指观察端口与网络分析监控设备直接相连，中间无须再经过网络输出，此时的观察端口也被称为本地观察端口，如图 2-7 所示。

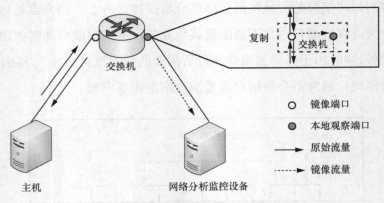

图 2-7　本地端口镜像示意图

远程端口镜像，是指观察端口与网络分析监控设备不直接相连，而是通过中间网络的传输，将镜像的数据包传输到远端的网络分析监控设备上，如图 2-8 所示，此时观察端口也被称为远程观察端口。中间网络可以通过虚拟局域网（VLAN）的二层传输，也可以通过隧道协议封装等三层传输。根据中间网络传输协议的不同，将远程端口镜像分为二层远程端口镜像和三层远程端口镜像，其中，二层远程端口镜像的流量传输中，中间网络需要允许远程镜像 VLAN 的数据包通过，确保数据包的

VLAN ID 不被修改或者删除，否则远程镜像功能将失效；三层远程端口镜像的流量传输中，源交换机和目的交换机均需要支持隧道协议的封装与解封装功能。

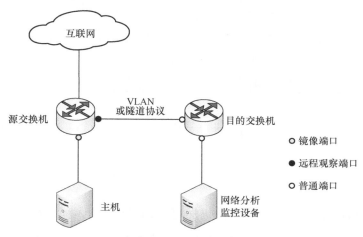

图 2-8　远程端口镜像示意图

2. 5G 网络的端口镜像技术

在 4G 及以前的核心网中，移动网络网元均为物理实体，网元间的通信通常会经过一个交换机或者路由器，因此，4G 及以前的核心网常用端口镜像的方式将流量接入后端网络分析监控设备。而 5G 网络则采用了云化组网的方式，其中信令面网元均为云化网元，如果某些网元是部署在同一台物理服务器上的，这些网元间的通信流量可能不经过额外的物理交换机，只在物理机服务器内传输，此时在物理服务器内会部署虚拟交换机（vSwitch）以供内部网元间的通信使用。以图 2-6 所示的部署案例为例，AMF 与 SMF 通过本物理服务器内的 vSwitch 进行通信。如果网元需要进行跨物理服务器通信，则需要经过物理交换机，如图 2-9 中的 AMF 与 AUSF 通信所示。

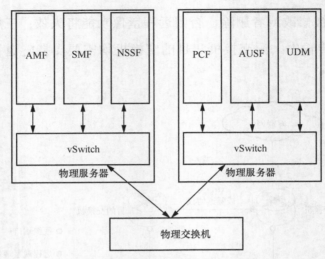

图 2-9　5G 网元云化组网示意图

　　因此 5G 网络云化网元的流量仍然可以通过交换机端口镜像的方式采集，但不同于以往单纯采用物理交换机的端口镜像方式。为了采集 5G 网络云化网元的全部流量，可采用物理交换机和 vSwitch 组合的端口镜像方式。理论上来说,同一物理宿主机上的网元间的通信需要经过 vSwitch,可通过 vSwitch 端口镜像该部分流量。跨物理宿主机的网元间的通信会经过物理交换机，可以通过物理交换机端口镜像该部分流量。但实际上，采用 vSwitch 的端口镜像方式会消耗大量的云化资源，有可能影响到云化网元的资源分配，甚至影响云化网元的正常工作。因此，目前对 5G 网络云化网元流量的端口镜像通常采用物理交换机的端口镜像方式。为了保证物理服务器内网元间通信流量能够全部被采集接入，需要将物理服务器内部网元间的通信的数据包交换牵引至外部的物理交换机上进行端口镜像。

　　而对于 5G 网络非云化网元，主要是 UPF 等用户面网元，其形态通常为物理形态，与之通信的链路一般为光纤等物理链路，在实际网络中用户面网元会通过大型路由器连接到互联网上，因而可以在该大型路由器进行流量镜像。5G 网络具备超大流量特性，预计需要采集的 5G 用户面网元流量将远远超出以往规模，如果使用路由器等设备镜像这部分流量，那么镜像功能对路由器的端口带宽等资源的消耗是难以想象的。因此，现网通常不采用端口镜像的方式，而是采用分光的方式来接入 5G 用户面网元的流量。

2.2.2　分光技术

1．分光技术原理

分光技术是通过分光器按照一定的分光比将光纤中的流量复制多份，并分发，其中分光比为分光器各输出端口的输出功率比值。分光器是一种光无源器件，可以将光信号从一根光纤分发到多根光纤上，常用于光信号的耦合、分支和分配。根据分光工作原理及工艺技术，可以将分光器分为熔融拉锥型分光器和平面光波导型分光器两种。

（1）熔融拉锥型分光器

这类分光器在单模光纤传导光信号的时候，并非全部光的能量都是集中在纤芯中传播（光纤的一般组成结构为涂覆层、包层、纤芯三层架构，由前往后包裹）的，有少量光的能量是通过靠近纤芯的包层传播的，利用该特性，使两根光纤的纤芯足够靠近，其中一根光纤的光信号就能够进入另外一根光纤，从而实现光信号的分配。根据该原理，将去除涂覆层的两根或多根光纤捆绑在一起，利用熔融拉锥机拉伸直至达到对分光比的要求。所得成品的一端只保留一根光纤作为输入端，剪掉其余光纤，另一端保留全部光纤，作为多路的输出端。

这类分光器在市面上使用较多，其主要优点如下：

① 拉锥技术历史经验丰富，开发经费消耗较少，远少于平面光波导型分光器的开发经费消耗；

② 成本较低；

③ 能够实时监控分光比、按需制作。

但熔融拉锥型分光器也有一些不可忽视的缺点，主要包括如下内容：

① 损耗对光波长比较敏感，需要根据光波长选用对应器件；

② 分光均匀性较差，不能确保均匀分光，有可能影响整体传输距离；

③ 插入损耗随温度的变化会出现较大变化；

④ 熔融拉锥型多路分光器体积较大，可靠性有所下降，安装空间受到限制。

（2）平面光波导型分光器

其工作原理为采用半导体工艺，包括光刻、刻蚀、显影等制作光波导芯片，在芯片表面上形成光波导阵列，实现光信号的分路，然后在芯片两端分别耦合封装输入端和输出端多通道光纤阵列形成成品的分光器[14]。相对于熔融拉锥型分光器，平面光波导型分光器在市面上使用较少，主要受限于技术及成本。

平面光波导型分光器的主要优点如下：

① 损耗对光波长不敏感，可同时满足不同光波长的传输需求；

② 分光均匀性较好，能够确保将光信号均匀分配；

③ 结构紧凑，体积小；

④ 单只器件分路通道很多，可以达到 32 路及以上；

⑤ 平面光波导型多路分光器的成本相对熔融拉锥型多路分光器的成本反而有所降低，平面光波导型分光器只需要一块芯片就能实现多路，而熔融拉锥型分光器需要采用组合方式；

⑥ 平面光波导型多路分光器的生产不受限于体积。

而其主要的缺点如下：

① 器件制作工艺复杂，技术门槛较高，目前芯片被国外公司垄断，国

内只有少数企业能够进行大批量封装生产;

② 相对于熔融拉锥型分光器成本较高,特别在分路数较少的分光器方面。

分光器按照分路数可被分为 1 分 2、1 分 4、1 分 8、1 分 16、1 分 32 等,其中根据不同的分光比每一种分光器还能再细分,比如,在 1 分 2 规格中,分光比有 1:9、2:8、3:7、5:5 等,在 1 分 4 规格中,分光比有 1:1:1:1、1:1:1:7 等。

按照应用范围,分光器还可以被划分为盒式分光器、托盘式分光器、机架式分光器、壁挂式分光器等。盒式分光器及托盘式分光器主要用于机房的机架、光缆交接箱等;机架式分光器一般只用于机房内标准机架中;壁挂式分光器主要用于安装在墙壁上,常用于走廊、楼道等。

目前网络通信主要采用光纤通信的方式,在光纤传输链路上采集复制流量成为网络监测的一种重要方式,因而,分光器作为光纤网络监测的一种专用设备在当前光纤网络中规模部署,有力支撑光纤网络监测工作。分光器是将一根光纤的能量拆分到多根光纤中传输,分光后链路的光功率降低,再加上光纤及连接器等自身的损耗和色散,导致将光信号传输到目的地时功率不足,出现误码及目的地接收不到数据等情况,故一般在分光器之后增加一个光放大器,将光信号放大,确保分光后的光信号的功率满足正常通信需求。

2．5G 网络流量分光

5G 网络的信令面均为云化网元,同一物理服务器内网元间的通信将不采用光纤,故该部分流量无法使用分光方式采集接入;跨物理服务器的网元间的通信有可能会采用光纤,这部分流量可以采用分光方式采集接入。

由于 5G 网络支持超大流量特性,需要采集的 5G 网络用户面网元流量将超出以往的规模,对 5G 网络用户面网元的流量采用端口镜像方式将大量消耗端口带宽等资源,此时,可使用分光方式采集接入 5G 网络用户面网元流量。其方案是在主要的流量汇聚链路上通过分光器进行分光,配合光放大器将流量链路分光出来后接入后端网络分析监控设备,从而不影响原有链路的通信。

2.3 5G 网络流量接入方案

2.3.1 网络接口流量采集方案

1．核心网采集接口

DPI 系统作为业务感知、信令回溯等安全和内容感知及运维的基础数据提供者，需要采集 5G SA 网络信令面、用户面的业务流量及 5G 用户回落 4G 网络的相关流量，通过相关接口进行流量解析、关联、合成后，形成相关文件提供给上层应用。

信令面数据主要围绕 AMF 和 SMF 采集，如图 2-10 所示。同时为了获取 5G 用户从 4G 基站接入时附着、鉴权等流程的关键信息，还需要采集 4G 移动管理实体（MME）相关接口的流量，包括 S1-MME、S6a 接口。Mw 接口的流量可按需采集，主要由于当网络启用了 Gm 接口加密时，需要从 Mw 接口获取密钥用于 Gm 接口流量的解密。

用户面主要围绕 UPF 采集流量，如图 2-10 所示。

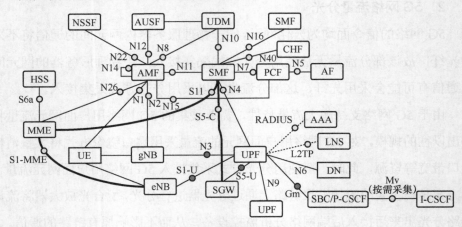

图 2-10 核心网采集接口

具体接口及其描述见表 2-3。

表 2-3　核心网采集接口

采集接口	描述	采集位置
N1	移动性管理（MM），接入管理信令流程	AMF
N2	下一代应用协议（NGAP）信令流程	AMF
N3	用户面流量	UPF
N4	会话转发控制信令流程	SMF、UPF
N5	策略签约信息交互信令流程	PCF
N7	会话策略信令流程	SMF
N8	接入签约数据	AMF
N9	UPF 与 UPF 之间的用户面流量	A-UPF
N10	会话签约数据	SMF
N11	会话管理信令流程	SMF
N12	鉴权信令流程	AMF
N14	切换上下文	AMF
N15	策略和计费控制（PCC）策略	AMF
N16	拜访地 SMF（V-SMF）与 H-SMF（归属地 SMF）互通	SMF
N22	切片管理	AMF
N26	4G/5G 互操作	AMF
N40	计费流程	SMF
远程身份认证拨号用户服务（RADIUS）	虚拟专用拨号网络（VPDN）业务中，UPF 与身份认证、授权和记账协议（AAA）进行一次认证的流程	UPF

续表

采集接口	描述	采集位置
第二层隧道协议（L2TP）	VPDN 业务中，L2TP 网络服务器（LNS）向 UPF 发送为用户分配 IP 地址的流程	UPF
S11	5G 用户在 4G 接入时，MME 向 SMF 进行会话创建的流程	SMF
S1-MME	5G 用户在 4G 接入时附着、会话创建、寻呼、切换、去附着等流程	MME
S1-U	5G 用户在 4G 接入时用户面数据在 eNB 与 UPF 之间传递的接口	UPF
S6a	5G 用户附着时 MME 向归属签约用户服务器（HSS）进行用户鉴权与获取用户签约的流程	MME
S5-C	5G 用户在漫游地 4G 接入使用回归属地出网的业务时，拜访地 SGW（V-SGW）与 H-SMF 间的控制面信令交互接口	SMF
S5-U	5G 用户在漫游地 4G 接入使用回归属地出网的业务时，V-SGW 与 H-SMF 间的用户面数据传递接口	UPF
Gm	5G 用户 IMS 注册与 IMS 业务的信令及媒体面数据在 UPF 及 SBC 间传递的接口	UPF
Mw	5G 用户 IMS 注册与 IMS 业务的信令及媒体面数据在 SBC 及问询呼叫会话控制功能（I-CSCF）间传递的接口	SBC

2. 无线网采集接口

无线网主要围绕基站采集流量，gNB 为 5G 基站，eNB 为 4G 基站，采集接口包括终端与 gNB 之间的 Uu 接口、gNB 与 gNB 之间的 Xn 接口、gNB 与 eNB 之间的 X2 接口、gNB-CU 和 gNB-DU 分设时 gNB-CU 和 gNB-DU 之间的 F1 接口、gNB-CU-CP 和 gNB-CU-UP 分设时 gNB-CU-CP 和 gNB-CU-UP 之间的 E1 接口，如图 2-11 所示。无线网采集接口采集内容见表 2-4。

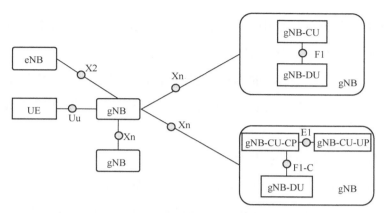

图 2-11　无线网采集接口示意图

表 2-4　无线网采集接口采集内容

采集接口	采集内容
Uu	用户注册、位置更新、去注册等无线侧发生的信令流程
Xn	用户在 gNB 间切换时基站间的消息
X2	用户在 eNB 和 gNB 间，以及 eNB 和 eNB 间切换时基站间的消息
E1	无线侧承载建立、修改、释放信令流程
F1	无线电资源控制（RRC）消息传送；UE Context 的创建、修改、删除；RRC 寻呼等信令流程

3．加密流量解密

部分接口采用加密方式传输流量数据，如 N1/N2、Gm 等接口。为了获取流量携带的信息，DPI 系统需要对这些加密流量进行解密识别，信令面加密流量解密具体方案与流程如图 2-12 所示，详细解密技术见本书 4.1.1 节和 4.2.2 节。

（1）NAS 加密流量解密方案

对于 5G NAS 流量解密，通过采集 AMF 与 AUSF 之间 N12 接口的流量，以及采集 AMF 与 MME 之间 N26 接口的流量，由于 4G/5G 切换时密钥及所采用的算法会在 N26 接口中传输，因此可从 N26 接口的流量中解析出密钥，该密钥用于解密 N1/N2 接口的流量。

对于回落或切换为 4G 的 NAS 流量解密，通过采集 MME 与 HSS 之间 S6a 接口的流量，从该流量中解析出密钥，该密钥用于解密 S1-MME 接口的流量。

（2）Gm 加密流量解密方案

对于 Gm 接口流量的解密，通过采集 SBC 或代理呼叫会话控制功能（P-CSCF）与 I-CSCF 之间 Mw 接口的流量，从该流量中解析出密钥，该密钥用于解密 Gm 接口的流量[15-16]。

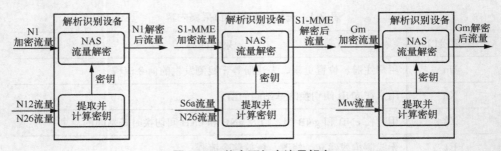

图 2-12　信令面加密流量解密

4．toB 用户流量采集

（1）toB 用户访问互联网流量采集

对于 toB（面向企业）用户，互联网流量的流向一般有两种。一种是流经基站到中心网络 UPF 的 N3 接口；另一种是流经基站到边缘 UPF 的 N3 接口，再通过边缘 UPF 的上行分流器（ULCL）分开用户访问互联网的流量和访问本地业务的流量，如企业内部使用的业务流量或服务商部署的下沉业务流量为本地业务流量，访问互联网的流量通过 N9 接口送往中心网络 UPF，访问本地业务的流量通过 N6 接口送往本地网络。

ULCL 功能目的是将满足业务过滤规则的数据包转发到指定的路径上，

类似于路由表的作用。插入和删除 ULCL 是由 SMF 控制的，其通过 N4 接口对 UPF 进行操作。将中心网络 UPF 设置在省中心或核心城市。

　　由于访问互联网的流量一般汇入中心网络 UPF，通过统一的入口接入互联网，因此 DPI 系统围绕中心网络 UPF 的 N3 接口和 N9 接口进行流量采集，就可以采集全部 toB 用户访问互联网流量，如图 2-13 所示。

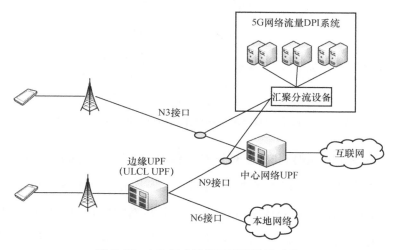

图 2-13　toB 用户访问互联网流量采集

（2）toB 用户整体流量采集

toB 用户整体流量采集主要针对部分对流量监控和分析要求较高的企业用户，同时为了满足客户数据不出园区的要求，一般单独部署一套 DPI 系统进行分析，一般有如下两种场景。

① 园区有专门的 toB UPF，但没有部署用户专用信令网元设备。

DPI 系统采集园区 toB UPF 的 N3 接口和 N4 接口的流量，实现用户面流量识别、解析、用户信息关联回填和话单生成，采集接口如图 2-14 所示。

如果用户还需要进行注册、切换等信令分析，可以从核心网 DPI 系统输出客户相关信令的任意应用详细记录（XDR）及按需调用信令码流进行信令分析。

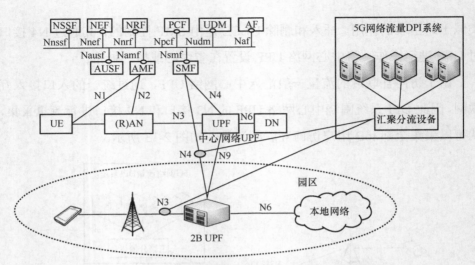

图 2-14　园区没有部署用户专用信令网元设备的流量采集

② 园区有专门 toB UPF 及部分或整套用户专用信令网元设备。

用户面采集 N3 接口的流量,当园区已部署用户专用信令网元设备时,一般都会设置 AMF 和 SMF 网元,信令面主要围绕园区 AMF 和 SMF 采集流量,如图 2-15 所示。园区已部署用户专用信令网元设备的采集接口见表 2-5。

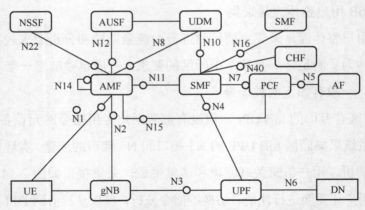

图 2-15　园区已部署用户专用信令网元设备的采集方案

表 2-5　园区已部署用户专用信令网元设备的采集接口

采集接口	描述	采集位置
N1	MM，接入管理信令流程	AMF
N2	NGAP 信令流程	AMF
N3	用户面流量	UPF
N4	会话转发控制信令流程	SMF、UPF
N5	策略签约信息交互信令流程	PCF（当园区不设置 PCF 时不采集）
N7	会话策略信令流程	SMF
N8	接入签约数据	AMF
N10	会话签约数据	SMF
N11	会话管理信令流程	SMF
N12	鉴权信令流程	AMF
N14	切换上下文	AMF
N15	PCC 策略	AMF
N16	V-SMF 与 H-SMF 互通	SMF
N22	切片管理	AMF
N26	4G/5G 互操作	AMF
N40	计费流程	SMF

2.3.2　流量接入模式

1. 核心网信令面流量接入

（1）5G 信令接入

根据核心网机房组网方式的不同，信令面流量接入 DPI 系统主要有集中式网关场景模式、分布式网关场景模式两种场景模式。

① 集中式网关场景模式

集中式网关场景模式下，三层网关被集中设置在数据中心网关（DCGW），信令网元之间的交互流量都绕经 DCGW，其流量接入一般有以下方式。

方式 1 为对用户边缘路由器（CE）到 DCGW 的链路进行单向分光，即 CE 流入 DCGW 方向，采集跨机房信令网元流入该数据中心（DC）的流量；对 DCGW 到业务 EOR 交换机的链路进行单向分光，即业务 EOR 交换机流入 DCGW 方向，采集同机房信令网元之间的流量及信令网元流向 DC 的流量，如图 2-16 所示。

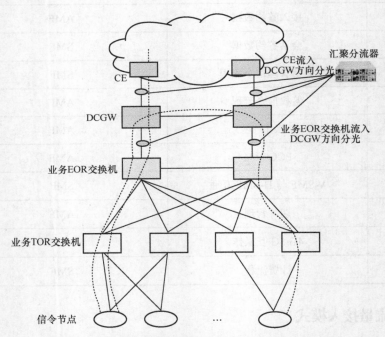

图 2-16　集中式网关场景模式下的信令流量接入模式 1

方式 2 为对 DCGW 到业务 EOR 交换机的链路进行双向分光，如图 2-17 所示。

方式 1 采集方案所涉及的链路多，但采集的流量不存在重复的问题。方式 2 采集方案所涉及的链路少，但由于机房内的信令流量跨经采集的两条链路出现重复采集流量的情况，需要 DPI 系统对重复采集的流量进行过滤后再处理。

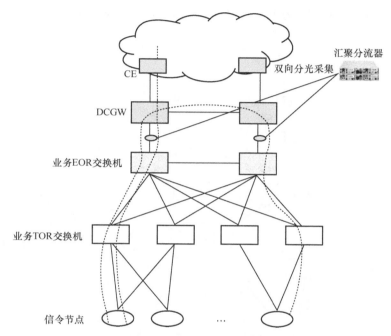

图 2-17　集中式网关场景模式下的信令流量接入模式 2

备注：机柜顶（TOR）交换机，在标准的 42U 的服务器机柜的最上面安装、接入交换机。EOR 交换机，将交换机集中安装在一列机柜端部的机柜内。在一般机房中会被分为业务域、管理域、存储域等，将信令网元部署在业务域内，业务 TOR 交换机或业务 EOR 交换机指布放在业务域的 TOR 交换机或EOR 交换机。

② 分布式网关场景模式

分布式网关场景下模式，在 TOR 交换机上设置 3 层网关，部分信令网元之间的流量穿透业务 TOR 交换机。

模式 1：本地镜像+出口单向分光。

本模式主要对信令网元到业务 TOR 交换机的链路入方向（信令网元流入业务 TOR 交换机方向）流量进行本地镜像，同时在 CE 到 DCGW 的链路入方向（CE 流入 DCGW 方向）上进行分光，如图 2-18 所示。

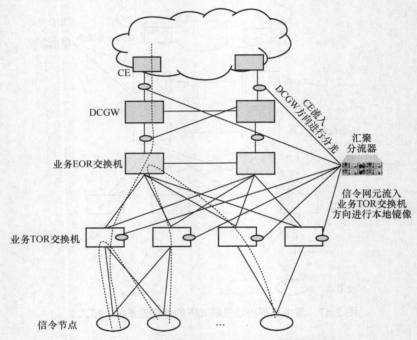

图 2-18　分布式网关场景模式下的信令流量接入模式 1

汇聚分流器连接业务 TOR 交换机物理口，考虑到安全性，可以将每个业务 TOR 交换机的两个物理口和汇聚分流器对接，并捆绑成端口汇聚（Trunk）使用。将业务 TOR 交换机和汇聚分流器对接的设备端口设置为观察口，将信令网元到业务 TOR 交换机的链路入方向流量镜像到观察口，获取网元之间的流量和出机房的流量。

在 CE 到 DCGW 的链路入方向上进行分光，获取进入机房的流量。

该部署方式维护界面清晰，接入流量异常定位快速，但需要和每个 TOR

交换机互联，占用较多设备端口。

模式 2：远程镜像+出口单向分光。

本模式主要在信令网元到 TOR 交换机的链路入方向流量进行远程镜像，同时在 CE 到 DCGW 的链路入方向进行分光，如图 2-19 所示。

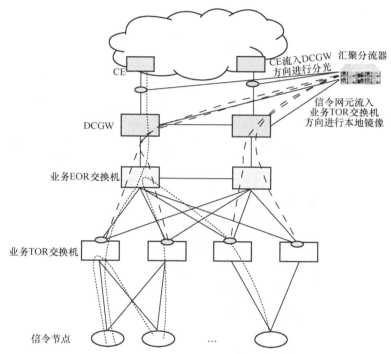

图 2-19　分布式网关场景模式下的信令流量接入模式 2

汇聚分流器连接 DCGW 或业务 EOR 交换机物理口，需要根据设备端口收敛及投资情况，分别选用 DCGW 或业务 EOR 交换机和汇聚分流器对接，将信令网元到业务 TOR 交换机的链路入方向流量镜像到通用路由封装（GRE）隧道或虚拟扩展本地局域网（VxLAN），GRE 隧道或 VxLAN 终结在汇聚分流器上，获取网元之间的流量和出机房的流量。

在 CE 到 DCGW 链路的入方向上进行分光，获取进入机房的流量。

该方式可以收敛和汇聚分流器对接的设备端口，减少交换机设备端口投资，但是镜像流量穿透业务网络，维护流程相对复杂。

模式 3：远程镜像。

本模式主要对信令网元到业务 TOR 交换机链路的双向流量进行远程镜像，如图 2-20 所示。

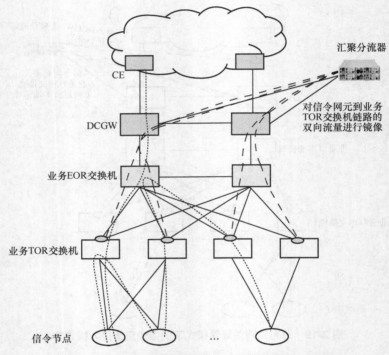

图 2-20　分布式网关场景模式下的信令流量接入模式 3

汇聚分流器连接 DCGW 或业务 EOR 交换机物理口（根据设备端口收敛及投资情况，选用 DCGW 或业务 EOR 交换机和汇聚分流器对接），将信令网元到业务 TOR 交换机链路的双向流量镜像到 GRE 隧道或 VxLAN 上，GRE 隧道或 VxLAN 终结在汇聚分流器上。

使用该方式可以减少分光点，但需要对信令网元接入设备端口的双向流量进行镜像，为交换机性能带来较大压力，另外重复采集同机房信令网元之间的流量，需要汇聚分流器对重复采集的流量进行去重。

（2）4G 关联信令流量接入

由于在 5G 网络部署初期，5G 网络网络覆盖不足，需要 4G 网络覆盖进行补充，从而保障用户业务的连续性，因此一般采用 4G/5G 融合组网方式，5G 用户从 eNB 接入经 MME 进入 5GC 时，仅围绕着 5GC 侧采集信令，将无法采集 MME 与 4G 基站之间的 S1-MME 接口的流量，而 S1-MME 接口的流量包含附着、业务请求等关键流程的交互关键信息及位置信息，如果缺少这些信息则无法实现完整信令回溯功能。在漫游场景下，MME 和归属省的 HSS 或 UDM 交互，围绕本省 5GC 侧采集信令，也无法采集 MME 和归属省的 HSS 或 UDM 之间 S6a 接口的信息，S6a 接口流量包含附着、鉴权等关键流程的交互关键信息，如果缺少这些信息则无法实现完整信令回溯功能，同时也无法取得密钥实现 NAS 消息的解密。因此，除了在 5GC 采集信令外，还需要采集 S1-MME 和 S6a 接口的信息。

一般运营商在 4G 网络也部署了 DPI 系统，也采集了 S1-MME 和 S6a 接口的流量，因此只需要从 4G 网络流量 DPI 系统中通过汇聚分流器将该部分流量分拣出来传输到 5G 网络流量 DPI 系统上，如图 2-21 所示。汇聚分流器可以通过不同网元 IP 地址实现流量分拣。

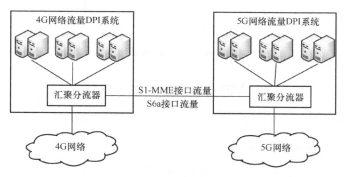

图 2-21　4G 关联信令流量接入示意图

2．核心网用户面流量接入

由于省会/地市节点 5G SA 网络用户面流量较大，在 UPF 与 CE 之间一般采用直连模式，因此省会/地市节点一般采用在 CE 到 UPF 的链路上进行分光来实现流量接入 DPI 系统，如图 2-22 所示。

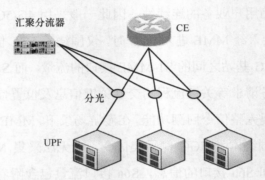

图 2-22　省会/地市用户面流量接入示意图 1

边缘节点流量较小，目前业界趋向采用虚拟机（VM）实现流量 DPI，利用镜像模式将流量复制到 VM 上，如图 2-23 所示。

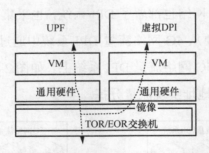

图 2-23　省会/地市用户面流量接入示意图 2

在 5G 网络部署初期，DPI 系统的 VM 尚未成熟时，可以考虑在 UPF 上行进行分光或镜像将流量牵引到就近的汇聚分流器或解析识别服务器上。

3．无线侧信令流量接入

一般由基站镜像出所需要的无线侧信令流量，将流量传输到汇聚分流器上，汇聚分流器对流量进行统一汇聚处理后发往后端的采集服务器，详见第 5.3.2 节的图 5-9。

参考文献

[1]　IMT-2020(5G). 5G 承载需求白皮书[R]. 2018.

[2]　工业和信息化部. 5G 移动通信网　核心网总体技术要求: YD/T 3615—2019[S]. 2019.

[3]　3GPP. Study on scenarios and requirements for next generation access technologies: TR38.913 (RAN)[S]. 2019.

[4]　3GPP. System architecture for the 5G system (5GS): TS 23.501 v17.3.0[S]. 2018.

[5]　工业和信息化部. 5G 移动通信网　核心网网络功能技术要求: YD/T 3616—2019[S]. 2019.

[6]　3GPP. Policy and charging control framework for the 5G system (5GS), PCF: TS 23.503[S]. 2021.

[7]　3GPP. 5G system; unified data management services; stage 3: TS 29.503[S]. 2020.

[8]　3GPP. 5G system (5GS); HSS services for interworking with UDM; stage 3: TS 29.563[S]. 2020.

[9]　3GPP. 5G system enhancements for edge computing; stage 2: TS 23.548[S]. 2021.

[10]　3GPP. IMS restoration procedures: TS 23.380[S]. 2013.

[11]　李贝, 刘光海, 肖天, 等. VoNR 语音解决方案应用研究[J]. 电信科学, 2022, 38(5): 149-157.

[12]　刘智德, 马金兰. VoNR 语音解决方案探讨[J]. 广东通信技术, 2021, 41(7): 28-32.

[13]　魏家辉. 网络流量分析的研究与实现[D]. 北京: 华北电力大学, 2018.

[14]　国家质量监督检验检疫总局, 中国国家标准化管理委员会. 平面光波导集成光路器件第 1 部分: 基于平面光波导（PLC）的光功率分路器: GB/T 28511.1—2012[S]. 2012.

[15]　工业和信息化部. 基于 LTE 的语音解决方案: YD/T 3177—2016[S]. 2016.

[16]　3GPP. IP multimedia subsystem (IMS); stage 2: TS 23.228 V16.5.0[S]. 2020.

第 3 章　汇聚分流技术

在对网络数据进行分析和利用的业务过程中，汇聚分流器提取网络原始数据流量，并在按需进行预处理后分发给 DPI 系统中的识别解析设备及后端的各种应用系统进行数据分析和利用，应用系统包括运营商网络中的网络安全类系统、运营支撑类系统等，从而使得网络数据的价值能够得到充分的挖掘和利用。

汇聚分流器位于被分析的网络与后端应用系统之间，它是各种应用系统的流量预处理设备。为了满足后端应用系统的需求，汇聚分流器通常需要具备如下功能。

① 识别过滤：根据 IP 五元组或指定的特征码对输入流量进行识别，并根据后端应用系统的业务需要过滤输出流量。

② 汇聚分流：为匹配后端应用系统分析设备的性能需求，汇聚分流器可以对输入的小流量进行汇聚输出，对输入的大流量进行拆分输出。如将多个 GE 接口输入的流量汇聚后从 1 个万兆接口输出，将一个 100GE 接口输入的流量拆分后从多个 10GE 接口输出。

③ 协议转换：运营商网络中的被监测链路可能采用不同的链路层封装协议，如 10G POS、40G POS 等，而后端应用系统分析设备通常只能识别 ETH

类型链路层封装的数据包，因此需要把输入的非 ETH 类型数据，转换成 ETH 类型数据输出。

④ 同源同宿：同源同宿是指将从不同设备端口输入的同一会话的上下行数据集中到一个设备端口输出，保证后端应用系统处理的数据的完整性。

⑤ 负载均衡：为保证输出给后端应用系统各分析设备的流量的均衡性，确保每台设备的处理负载基本一致，汇聚分流器需要具备负载均衡功能，使得各输出端口间的流量大小保持在合理的偏差范围内。

⑥ 流量复制：汇聚分流器后端通常对接多套应用系统，不同的应用系统可能需要同样的流量，因此汇聚分流器需要具备流量复制能力，复制多份所需要的输入流量后输出。

3.1 常见的汇聚分流器

从硬件外观形态上，可将汇聚分流器分为盒式汇聚分流器和框式汇聚分流器。

3.1.1 盒式汇聚分流器

盒式汇聚分流器是指设备端口固定，不具备设备端口扩展能力的小型汇聚分流器（注：部分厂商设计的盒式汇聚分流器可提供少量扩展插槽，具备有限的设备端口扩展能力）。盒式汇聚分流器设备产品示意图如图 3-1 所示。

图 3-1　盒式汇聚分流器设备产品示意图

　　盒式汇聚分流器的优点是占用较小的机房空间、设备部署方便，缺点是端口密度低，设备端口扩展能力有限，整机流量采集能力较差。盒式汇聚分流器适合应用在采集链路较少的业务场景中。例如，在运营商业务支撑系统网络中，作为网络性能分析系统的前端数据采集设备使用。

　　盒式汇聚分流器又被分为千兆汇聚分流器（指纯 GE 接口或以 GE 接口为主带有少数 10GE 接口的汇聚分流器）、万兆汇聚分流器（指纯 10GE 接口或以 10GE 接口为主带有少数 100GE/40GE 接口的汇聚分流器）及 100GE 汇聚分流器（纯 100GE 接口）。

　　当前随着网络的不断升级，运营商网络中的 GE 链路数量已经极少（基本被 10GE 链路取代）。因此，在运营商网络中基本不再使用 GE 汇聚分流器。即使有少量的 GE 链路流量采集需求，通常也会使用万兆汇聚分流器完成（将 10GE 接口降速为 GE 接口使用）。

　　万兆汇聚分流器是当前市场上的主流产品，但近两年随着网络性能的近一步提升，在运营商网络中，100GE 链路逐渐普及，100GE 汇聚分流器也逐渐成为盒式汇聚分流器市场上的主流产品。

3.1.2　框式汇聚分流器

　　框式汇聚分流器是指具有设备端口扩展能力的汇聚分流器，此类设备通常由一个具备多个业务插槽的机框和多种不同类型的业务板卡组成。可根据采集链路的类型和规模需求配置不同类型和数量的业务板卡，以灵活适应部署环境的要求。框式汇聚分流器的优点是端口密度高、设备端口扩展性好，整机流量采集能力强；缺点是占用较大的机房空间，功耗较高。框式汇聚分流器比较适合在大流量的互联网数据中心（IDC）、城域网和 4G 或 5G 移动核心网环境中进行部署。框式汇聚分流器设备产品示意图如图 3-2 所示。

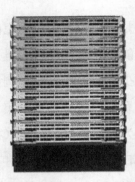

图 3-2   框式汇聚分流器设备产品示意图

框式汇聚分流器根据硬件设计可被分为传统路由交换架构汇聚分流器、先进电信计算架构（ATCA）汇聚分流器、正交架构汇聚分流器三大类型。

1. 传统路由交换架构汇聚分流器

传统路由交换架构汇聚分流器是指利用传统路由交换机的硬件，并根据汇聚分流的功能需求重新开发软件而形成的汇聚分流器产品。传统路由交换架构汇聚分流器面板示意图如图 3-3 所示。此类汇聚分流器的整机机械结构（包括机箱和板卡）、电气、散热、数据和管理平面等方面的设计均需要由厂商自行完成，属于高度定制化产品。早期的非 ATCA 架构汇聚分流器大部分为此类型产品。

图 3-3   传统路由交换架构汇聚分流器面板示意图

传统路由交换架构汇聚分流器整机板卡通常被分为主控板卡、交换板卡和接口板卡 3 种类型，部分厂商产品板卡为主控交换合一板卡，如图 3-4 所示。功能如下。

① 主控板卡负责整个机箱所有部件的管理，包括交换板卡、接口板卡、电源、风扇等的管理。

② 交换板卡负责实现不同接口板卡间的跨板卡数据转发。

③ 接口板卡负责被监测链路数据的输入、处理和输出。

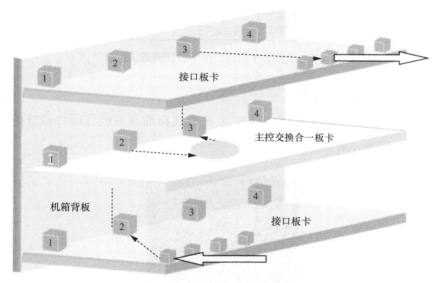

图 3-4　传统路由交换架构汇聚分流器硬件互联示意图

在传统路由交换架构汇聚分流器的机箱中设有数据背板，所有的板卡均通过数据背板与交换板卡相连接，如图 3-5 所示。各接口板卡间的数据交换均首先通过背板通道送达交换板卡，再由交换板卡查表将数据转发给目的板卡进行输出。

由于板卡间的数据交换需要通过背板连接到交换板卡，再由交换板卡将数据转发到目的板卡，故整机的数据通道路径较长，严重影响背板上传输的高频率数字信号的质量，由于数字信号频率越高，通道路径越长，数字信号的衰减也会越严重，因此此类架构无法用于需要在背板上传输极高频率的数字信号的超大容量汇聚分流器的设计，较适用于整机交换能力在 4T 以下的汇聚分流器。目前市面上采用此类架构的汇聚分流器越来越少。

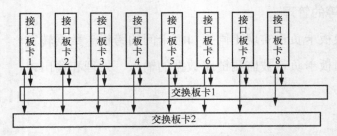

图 3-5　交换板卡与接口板卡数据通道示意图

2．ATCA 汇聚分流器

ATCA 汇聚分流器是指采用 ATCA 开放式标准规范进行硬件设计的汇聚分流器，如图 3-6 所示。

图 3-6　ATCA 汇聚分流器设备产品示意图

ATCA 是一种全开放、可互操作的电信工业标准，它由一系列规范组成，包括定义了机械结构、电源分配、散热管理、互联与系统管理的核心规范 PCI

工业计算机制造商集团（PICMG）规范 3.0 及定义了点对点互联协议的 5 个辅助规范[1]。

ATCA 的最大优势和价值在于遵循开放化、标准化及全网统一的设计理念，不仅能因总线的开放性降低电信设备总体部署成本，而且最大限度地提升了不同厂商产品之间的兼容性。

由于 ATCA 汇聚分流器与上述传统路由交换架构汇聚分流器的数据传输通道及数据交换逻辑类似，都需要通过机箱背板进行数据传输，通过交换板卡进行接口板卡间的数据交换。因此，它们存在相同的弊端，这两种架构均无法用于设计超大容量汇聚分流器，适合的汇聚分流器的整机交换能力通常在 4T 以下。ATCA 汇聚分流器的优势在于具有开放性，理论上整机（包括机箱、板卡的所有部件）均可通过外购获得，汇聚分流器厂商的硬件准入门槛较低。汇聚分流器行业内大部分厂商均推出过 ATCA 汇聚分流器设备产品。

3．正交架构汇聚分流器

正交架构汇聚分流器是指采用正交硬件架构进行设计的汇聚分流产品，硬件互联示意图如图 3-7 所示，正交架构汇聚分流器位于机箱背部的交换板卡与位于机箱前部的接口板卡垂直相交，又称正交，直接互联。而传统路由交换架构汇聚分流器和 ATCA 汇聚分流器的交换板卡和接口板卡均位于机箱前部，ATCA 汇聚分流器在机箱背部还有输入/输出（I/O）接口板卡，插入机箱的方向都是相同的。

在正交架构汇聚分流器中，不同接口板卡间的数据流量通过正交连接器直接传输到交换板卡，接口板卡间不再通过传统的背板互联，背板走线不减少，较好地规避了信号衰减，从而获得更加理想的误码率，大幅提升系统带宽和平滑升级能力，这一特点使它最终取代 ATCA 汇聚分流器成为目前市场的主流汇聚分流器。当前，主流的正交架构汇聚分流器已经具备 12.8T 的整机交换能力，是传统路由交换架构汇聚分流器和 ATCA 汇聚分流器产品的整机交换能力的 3 倍以上。正交架构汇聚分流器是近两年行业内新兴的汇聚分流器产品，其整机交换能力将随着汇聚分流器厂商的技术进步和市场需求变化而不断提升。

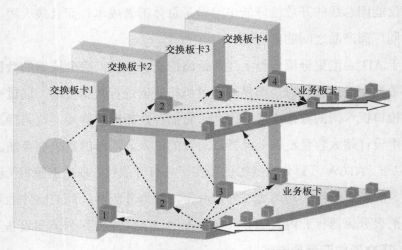

图 3-7　正交架构汇聚分流器硬件互联示意图

3.2　汇聚分流器硬件设计方案

由于业务需求、功能需求，以及各分流厂商的硬件设计及开发能力不同，汇聚分流器在硬件设计方案上会有所差别。目前主流的汇聚分流器硬件设计方案包括 4 种，即纯交换芯片方案、"交换芯片+网络处理（NP）芯片"方案、"交换芯片+FPGA 芯片"方案、"交换芯片+众核处理器"方案。

3.2.1　纯交换芯片方案

纯交换芯片方案是汇聚分流器最简单的一种硬件设计方案，如图 3-8 所示。

在这个方案中，设备的所有对外数据接口和对内数据接口，以及业务功能实现均由交换芯片完成，如框式汇聚分流器接口板卡与机器背板互联的接口由交换芯片完成。

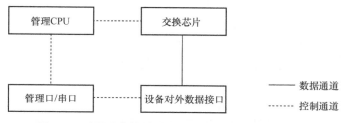

图 3-8　采用纯交换芯片方案的汇聚分流器设备框图

采用该方案能够实现的分流功能完全依赖于交换芯片所具备的网络流量处理特性，通常只能实现基于五元组和基于固定位置特征码的流量识别和过滤，能实现数据包外层五元组哈希（HASH），可用于实现同源同宿和流量负载均衡功能，同时也能实现简单的基于隧道封装的数据包内层五元组HASH，如 GPRS 隧道协议（GTP），还能实现为输出的数据包打上 VLAN 标签及进行流量复制等简单功能。

备注：GPRS 为通用分组无线业务。

采用该方案的汇聚分流器设备产品特点是设备的业务处理能力强，通常与所选择的交换芯片数据处理能力一致，但所能实现的业务功能也相对简单。适合应用在 IDC、城域网等需要处理的数据流量大，但对汇聚分流功能要求不复杂的应用场景。

3.2.2　"交换芯片+NP 芯片"方案

在需要对数据包进行窗口或全包浮动特征码匹配、"数据包头+时间戳"等深度处理的应用场景中，采用纯交换芯片方案的汇聚分流器无法满足要求。此时，需要采用具备深度数据包处理能力的技术方案，"交换芯片+NP

芯片"方案就是其中应用较为广泛的一个选择，采用"交换芯片+NP 芯片"方案的汇聚分流器设备框图如图 3-9 所示。

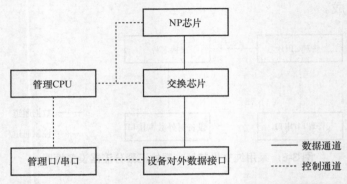

图 3-9　采用"交换芯片+NP 芯片"方案的汇聚分流器设备框图

　　在此方案中，设备的对外数据接口的实现及基于简单数据包处理能力的分流功能由交换芯片完成，同时交换芯片还通过内部高速接口与 NP 芯片互联。交换芯片从对外数据接口接收到流量后，发现有需要进行深度处理的数据包，则会通过内部高速接口将数据包输出给 NP 芯片进行处理。NP 芯片处理完成的数据包再返回给交换芯片，并由交换芯片对外数据接口输出。

　　NP 芯片是一种既具备基于软件编程的灵活性，又支持硬件并行高速处理的高性能微处理器。通常，NP 芯片对外提供数据接口的能力有限，通过对交换芯片与 NP 芯片进行结合的方案设计，汇聚分流器既可提供大量的对外数据接口，又能达到较高性能，具有较强的高级数据处理能力。当前行业基于迈络思 NPS-400 网络处理器开发汇聚分流器，其高级业务处理能力体现在 400Gbit/s 左右的传输速率。

3.2.3　"交换芯片+FPGA 芯片"方案

　　在需要进行深度数据包处理的场景中，除了可以采用"交换芯片+NP 芯片"方案外，还可以采用"交换芯片+FPGA 芯片"方案，如图 3-10 所示。

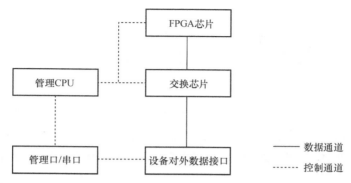

图 3-10 采用"交换芯片+FPGA 芯片"方案的汇聚分流器设备框图

"交换芯片+NP 芯片"方案和"交换芯片+FPGA 芯片"方案均能实现高性能的高级数据处理功能。选择"交换芯片+FPGA 芯片"方案的汇聚分流器厂商通常长期基于 FPGA 芯片进行产品开发，具有丰富的 FPGA 芯片开发经验。从软件开发难度来看，"交换芯片+NP 芯片"方案相比"交换芯片+FPGA 芯片"方案软件编程更灵活，功能开发周期更短，进入门槛相对较低，因此，更容易被新进入的汇聚分流器厂商接受。"交换芯片+FPGA 芯片"方案采用纯硬件编码，开发周期较长、进入门槛较高，但数据处理的时延更短。当前采用 Xilinx 或 Altera（2015 年被英特尔公司收购）的高性能 FPGA 芯片开发汇聚分流器，其高级业务处理能力体现在 400Git/s 左右的传输速率上。

3.2.4 "交换芯片+众核处理器"方案

在一些特殊的应用场景下，需要对数据包进行更复杂的处理。例如某些特殊行业的客户需要汇聚分流器从 5G 控制面信令数据中解析出 SUPI 或者永久设备标识符（PEI），对应 4G 网络中的国际移动用户标志（IMSI）或国际移动设备标志（IMEI），并将它们按指定的格式和位置封装到用户面（N3）原始数据中输出给后端分析系统，在此应用场景中，NP 芯片或 FPGA 芯片很难胜任此项工作，这就需要处理业务方式更灵活的众核处理器来参与。设备框图如图 3-11 所示。

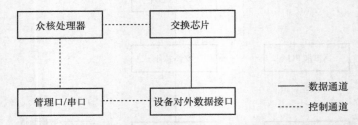

图 3-11　采用"交换芯片+众核处理器"方案的汇聚分流器设备框图

因此，针对此类应用场景，部分厂商开发了基于"交换芯片+众核处理器"的方案。当前大部分厂商选择 Cavium 公司（2018 年被 Marvell 公司收购）推出的基于 MIPS 架构的众核处理器作为汇聚分流器中的高级功能处理器。

在此方案中，设备的对外数据接口的实现及基于简单数据包处理能力的分流功能由交换芯片完成，同时交换芯片还通过内部高速接口与众核处理器互联。交换芯片从对外数据接口接收到流量后，发现有需要进行深度处理的数据包，则会通过内部高速接口输出给众核处理器进行处理。众核处理器处理完成的数据包再返回交换芯片，并由交换芯片对外数据接口输出。

当前多采用 Cavium 公司推出的高性能众核处理器开发汇聚分流器，其高级业务处理能力体现在 40Gbit/s 左右的传输速率上。

3.3　基本数据处理流程

3.3.1　盒式汇聚分流器的基本数据处理流程

图 3-12 是典型的具有高级业务处理功能的盒式汇聚分流器的基本数据

处理流程框图，基本数据处理流程具体介绍如下。

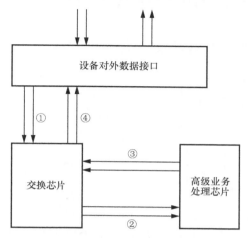

图 3-12　盒式汇聚分流器的基本数据处理流程框图

①　汇聚分流器交换芯片接收由设备对外数据接口输入的链路分光/镜像流量。

②　交换芯片可实现基本处理功能，如基于外层 IP 地址信息、介质访问控制（MAC）地址信息、VLAN 标签进行规则匹配。对于仅需要进行基本处理的流量，汇聚分流器交换芯片根据规则匹配结果进行基本处理后，根据规则从指定的设备输出端口进行输出（参见步骤④）。

③　对于基于特定信令协议类型、特定应用层协议类型、特定 IMSI、载荷特征码规则、内层 IP 五元组规则等的高级业务处理功能，交换芯片将流量以同源同宿和负载均衡的方式，转发给设备的高级业务处理芯片，流量在高级业务处理芯片中根据规则匹配结果执行丢弃或者输出等动作。如果需要输出处理后的数据包，高级业务处理芯片会在数据包头部添加输出端口等必要的信息。

④　经高级业务处理芯片处理的需要输出的流量被返回交换芯片，交换芯片根据高级业务处理芯片送回的数据包所携带的输出端口信息，将数据包从指定的设备输出端口进行输出。

3.3.2　框式汇聚分流器的基本数据处理流程

框式汇聚分流器的基本数据处理流程如图 3-13 所示，具体介绍如下。

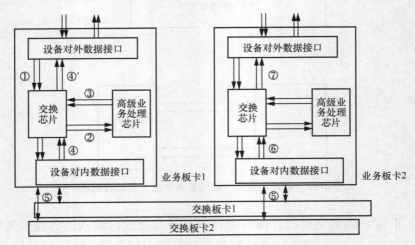

图 3-13　框式汇聚分流器的基本数据处理流程

① 业务板卡 1 交换芯片接收由设备对外数据接口输入的链路分光/镜像流量。

② 业务板卡 1 交换芯片可实现基本处理功能，例如基于外层 IP 地址信息、MAC 地址信息、VLAN 标签进行规则匹配。对于仅需要进行基本处理的流量，业务板卡 1 交换芯片根据规则匹配结果进行基本处理后，通过设备对外数据接口从本业务板卡指定的设备端口输出（参见图 3-13 中的④'）；对于基于特定信令协议类型、特定应用层协议类型、特定 SUPI、载荷特征码规则、内层 IP 五元组规则等的高级业务处理功能，交换芯片将流量以同源同宿和负载均衡的方式，转发给本业务板卡的高级业务处理芯片。

③ 业务板卡 1 高级业务处理芯片根据规则匹配结果对流量执行丢弃或

者输出等动作。如果需要输出处理后的数据包，高级业务处理芯片会在数据包头部添加设备输出端口等必要的信息。

④ 流量经高级业务处理芯片处理后被送回给本业务板卡交换芯片，交换芯片根据高级业务处理芯片携带的设备输出端口信息，将数据包从指定的设备端口输出。指定的设备端口可以是本业务板卡设备端口，也可以是其他槽位业务板卡的设备端口。

⑤ 如果指定的设备端口是其他槽位业务板卡的设备端口，交换芯片对流量进行跨板卡转发，跨板卡转发的流量携带目的设备端口信息，从本业务板卡背部的高速数据连接器转发给交换板，交换板卡再根据流量携带的目的设备端口信息将流量转发给指定的目标业务板卡，如业务板卡 2。

⑥ 目标业务板卡 2 的交换芯片根据规则匹配结果对数据包进行处理后，从本业务板卡指定的设备输出端口输出。

⑦ 流量经过业务板卡 2 的高级业务处理芯片的处理后被送回给本业务板卡交换芯片，交换芯片根据高级业务处理芯片携带的设备输出端口信息，将数据包从指定的设备端口输出。

3.4　汇聚分流技术原理

下面从数据处理基本动作、数据包识别、数据包修改、流量复制、负载均衡、同源同宿等方面介绍汇聚分流器的汇聚分流技术原理。

3.4.1　数据处理基本动作

汇聚分流器的数据处理基本动作被分为转发和丢弃。

① 转发：设备在接收到被监测链路数据包后，经策略匹配将符合指定

策略规则的数据包从指定的设备输出端口输出。

② 丢弃：设备在接收到被监测链路数据包后，经策略匹配对符合指定策略规则的数据包进行过滤，使其无法从指定的设备输出端口输出。

由于交换芯片具备识别数据包 L2、L3、L4 内容的能力。因此，基于源或目的 MAC 地址、VLAN 标签、IP 五元组、TCP Flags 等简单数据包特征策略规则直接在交换芯片中对数据包进行转发或丢弃，如图 3-14 所示。

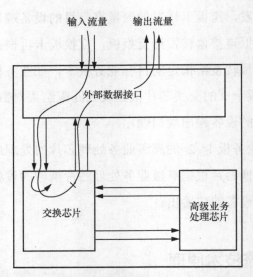

图 3-14 基于简单数据包特征策略规则的数据包转发或丢弃处理

对于需要通过查找数据包载荷特征（如 URL、IMSI 等）进而进行策略规则匹配对数据包进行转发或丢弃处理的业务，需要借助高级业务处理芯片才能完成，如图 3-15 所示。因此，此类业务中，对数据包进行丢弃的动作仅在高级业务处理芯片中执行，如硬件方案中提到的 NP 芯片、FPGA 芯片等，而转发动作则均在交换芯片和高级业务处理芯片中执行。

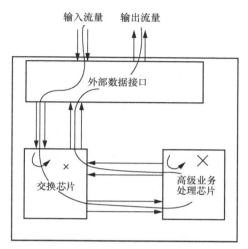

图 3-15　基于复杂数据包特征策略规则的数据包转发或丢弃处理

3.4.2　数据包识别

为了使得设备输出端口能够输出预期的流量，汇聚分流器需要对输入的数据包进行识别，并将识别后的数据包与在设备上预先配置的策略规则进行匹配，从而根据所匹配的策略规则对数据包进行输出处理，如转发、丢弃、增加或修改 VLAN 标签、增加时间戳等。

汇聚分流器内部的交换芯片具备简单识别数据包 L2、L3、L4 层内容的能力，如源或目的 MAC 地址、VLAN 标签、IP 五元组、TCP Flags 等。针对具备此类特征的数据包识别，汇聚分流器直接利用交换芯片的硬件能力即可，不需要进行额外的软件功能开发。由于在此场景下，汇聚分流器直接利用交换芯片的硬件能力，因此对于此类数据包的识别能力很强，通常与所选择交换芯片的数据包处理能力一致。

对于 HTTP 视频流量，以及 HTTP GET 中应用层协议、特定 URL、传输层载荷特征码等的识别需求，只能对数据包进行浅层识别的交换芯片则无能为力,需要使用高级业务处理芯片并针对相应功能编写程序。其处理能力与所处理业务的复杂度和深度有关。

以对 HTTP 报文的识别为例,交换芯片对 HTTP 报文的识别只能依靠协议类型(如 TCP)和 L4 端口号(如 TCP 端口号 80 或 8080 等)来实现。一旦 HTTP 报文未使用常见的 TCP 端口号 80 或 8080,那么交换芯片就无法识别出 HTTP 报文,容易产生漏识别。而采用 NP 芯片或 FPGA 芯片等高级业务处理芯片则可以通过灵活编程在报文载荷中查找是否存在 HTTP 规范所定义的请求方法和响应信息,如"GET""POST""PUT""DELETE"等关键字,进而准确识别 HTTP 报文。

3.4.3 数据包修改

为了实现某些特定的功能,在汇聚分流器识别之后,需要对数据包进行一定程度的修改再输出。单纯的交换芯片无法支持数据包修改功能,因此需要高级业务处理芯片支持。常见的数据包修改包括数据包头部输出、数据包头部剥离、MAC 地址信息携带、GRE 隧道封装与解封装。

数据包头部输出功能,首先需要正确解析各种数据包,识别出 L3、L4 头部,针对 GRE 隧道封装的数据包,同时还需要识别出内层的 L3、L4 头部;然后经过高级业务处理芯片处理,截掉载荷部分并丢弃,保留 L4 及 L4 前的头部并输出。此外,数据包头部输出根据需求也可以完成精确头部输出,而非将头部固定字节数截短后输出。

数据包头部剥离功能,与数据包头部输出功能类似,只不过数据包头部剥离是把特定协议的头部剥离,保留载荷等原始数据,将数据包整合为网络能正常传输的格式再输出。常见的数据包头部剥离主要指对 VLAN、VxLAN、GRE、GTP、IP-in-IP、MPLS 等隧道头部进行剥离,然后再输出给后端应用系统。

MAC 地址信息携带功能，主要是为了使汇聚分流器输出的数据包能够额外携带一些信息用于标识等，在数据包 Ethernet Header 的 MAC 地址部分进行修改，替换成所需要的标识信息，如汇聚分流器设备输入端口的编号信息、数据来源信息、时间戳等。

GRE 隧道封装与解封装功能分为两部分，GRE 隧道封装需要在汇聚分流器的设备端口单独配置 IP 地址，对需要封装的数据包进行 GRE 隧道封装，再对封装后的数据包进行输出并转发；GRE 隧道解封装，即终结 GRE 隧道，能够对 GRE 隧道头部进行拆解，还原出原始数据包并转发。

3.4.4　流量复制

汇聚分流器后端通常对接多套应用系统，不同的应用系统可能需要同样的流量，因此汇聚分流器需要具备流量复制能力，将所需要的输入流量复制多份并输出。

在不需要进行流量复制的情况下，汇聚分流器将与规则匹配的输入流量转发到指定的设备输出端口直接输出或转发到输出端口组，输出端口组是一组设备输出端口的合称，组内的设备端口被称为成员端口。如果是将输入流量转发到输出端口组，则流量在输出端口组内根据 HASH 计算的结果选择一个成员端口输出，此时数据包在交换芯片中以单播形式被发送至目的设备端口。

当需要进行流量复制时，汇聚分流器将与规则匹配的输入流量先转发到预先在设备中配置的复制组。此时交换芯片的复制引擎将数据包复制多份，以多播形式发送至复制组内的成员端口处，如图 3-16 所示。

上述流量复制是针对单板卡的使用情况而言的，在框式汇聚分流器中还会存在跨板卡的流量复制。跨板卡流量复制过程可被拆解为本板卡复制、交换板卡复制、目标板卡输出 3 步。如图 3-17 所示，假设数据包从业务板卡 1

输入，需要复制 3 份数据包，分别从业务板卡 1、2、3 的输出端口输出。此时作为流量输入的业务板卡 1 首先将输入流量复制 2 份，并分别输出至本板卡的输出端口和交换板卡；交换板卡接收到业务板卡 1 的复制数据包后再复制 2 份，分别输出至业务板卡 2 和业务板卡 3；业务板卡 2 和业务板卡 3 接收到交换板卡复制的数据包后再从各自相应的输出端口输出。

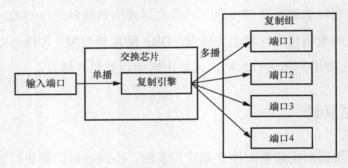

图 3-16　板卡内流量复制原理

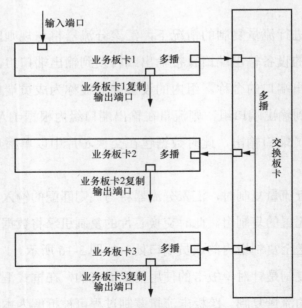

图 3-17　跨板卡流量复制原理

3.4.5　负载均衡

1. 负载均衡技术原理

负载均衡是指将输入的流量在输出端口组间按特定的均衡算法进行输出，以使得输出端口组中各成员端口的输出流量大小趋于一致[2]。

通常汇聚分流器可以支持以下 3 种负载均衡方式：

① 逐包轮询负载均衡；

② 逐包随机负载均衡；

③ IP 五元组组合哈希值计算负载均衡。

逐包随机负载均衡是指将输入的数据包根据设备内置的随机算法，在输出端口组的成员端口间随机输出。

采用逐包轮询负载均衡和逐包随机负载均衡，能很好地保证输出端口组中各成员端口输出流量的一致性和均匀性。但它同时也存在一个严重的弊端，即同一个输出端口输出的各个数据包间不具备基于流的相关性，这也就意味着这两种方式无法保证同一条会话的双向数据包全部从同一个输出端口输出，也就是无法实现数据包同源同宿输出。同源同宿输出是指将不同输入端口输入的同一条会话的上下行数据包集中到一个输出端口输出，如果无法实现同源同宿输出，则同一条会话的上下行数据包可能会被发送到不同服务器上，从而导致后端应用系统处理的数据不完整。

上述两种负载均衡方式适用于将输出端口组内所有的输出端口同时连接到单台 DPI 设备上或者在两台汇聚分流器间通过级联连接多个 DPI 设备的应用场景，如图 3-18 所示。这两种应用场景分别由连接的 DPI 设备和级联汇聚分流器完成数据包的同源同宿输出功能。

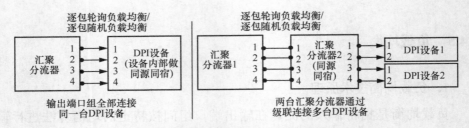

图 3-18　逐包轮询/随机负载均衡的应用场景示例

　　当输出端口组内的每个成员端口均单独连接一台分析设备时,逐包轮询负载均衡和逐包随机负载均衡不再适用。此时需要采用 IP 五元组组合哈希值计算负载均衡的方式。IP 五元组组合哈希值计算通常包括以下内容:

　　① 使用源 IP 地址计算哈希值;

　　② 使用目的 IP 地址计算哈希值;

　　③ 使用源 IP 地址、目的 IP 地址计算哈希值;

　　④ 使用源 IP 地址、目的 IP 地址、源端口号、目的端口号计算哈希值;

　　⑤ 使用源 IP 地址、目的 IP 地址、源端口号、目的端口号、传输层协议类型计算哈希值。

　　在上述方法中,第 1 种和第 2 种哈希值计算方式的流量负载均衡粒度太粗,仅依赖于一个 IP 地址进行哈希值计算,可能导致各输出端口哈希值计算输出流量的均匀度很差。例如在 IDC 场景中,如果基于使用 IDC 内部服务器的 IP 地址计算哈希值的方式来分配输出端口,那么当该 IP 地址对应的流量很大时,如 20Gbit/s 的流量,同时后端口各类分析设备使用 10GE 端口与汇聚分流器相连,则该 20Gbit/s 的流量将会导致对应被分配的汇聚分流器输出端口拥塞,甚至产生丢包。

　　而采用第 3 种基于源 IP 地址、目的 IP 地址计算哈希值的方式则可以有效解决这个问题。因为虽然服务器的 IP 地址只有一个,产生的流量为 20Gbit/s,但由于访问该服务器的外网用户数量非常庞大,IP 地址也非常离散。因此，能够保证到达同一台服务器的流量会分布到输出端口组的各成员端口中，从而有效保证各输出端口输出流量的均匀性。

采用第 4 种和第 5 种哈希值计算方式虽然有可能获得比第 3 种哈希值计算方式更均匀的流量输出效果，但其也存在一些不可忽视的问题，即网络中的 IP 分片包除首包外的其他 IP 分片包均不携带协议和端口号信息，可能导致后续 IP 分片包与首包的输出端口不一致，流量无法同源同宿输出。

要解决上述问题可以在输出端口组内对 IP 分片包进行广播处理。但这样操作使得每个成员端口都会输出多余的数据包，后端应用系统也需要进行额外的操作以处理多余的数据包。另外，也可以使用分片跟踪功能来解决这个问题，但该功能需要高级业务处理芯片的支持，性能会有较大程度的下降。

基于上述原因，目前在城域网或 IDC 场景中部署汇聚分流器通常采用第 3 种哈希值计算方式，这是由于该方法无论在设备处理性能还是在流量输出的均匀性上均能达到较好的效果。

哈希算法也被称为散列算法，即把任意长度的输入通过散列算法变换成固定长度的输出，该输出就是散列值。简单来说就是一种将任意长度的消息压缩到某一固定长度的消息摘要的函数。哈希算法虽然被称为算法，但实际上它更像是一种思想。哈希算法没有固定的公式，只要符合散列思想的算法都可以被称为哈希算法。

在汇聚分流器中，负载均衡功能的实现往往直接使用交换芯片中的哈希算法完成，目前交换芯片支持的哈希算法包括循环冗余码（CRC）、异或算法等。为方便理解，以下将以最简单的异或算法描述基于源 IP 地址、目的 IP 地址计算哈希值并确定负载均衡输出端口的过程。

在交换芯片中，将负载均衡输出端口的 HASH 计算过程分成以下两步：

① 根据所选的负载均衡方式获取基于异或算法的哈希值计算输入参数，并通过异或算法计算出哈希值；

② 对哈希值根据输出端口数量值进行取模运算（MOD），计算得到的模余即数据包输出的输出端口顺序号。

2. 举例说明

汇聚分流器接收到源 IP 地址为 10.0.0.1、目的 IP 地址为 20.0.0.2 的数据包后，需要在输出端口组中通过基于源 IP 地址、目的 IP 地址计算哈希值选择输出端口进行输出，该输出端口组有 4 个成员端口。

二进制数异或运算法则为 0 XOR 0=0, 1 XOR 0=1, 0 XOR 1=1, 1 XOR 1=0（相同数值的异或运算结果为 0，不同数值的异或运算结果为 1）。

假设在交换芯片中，异或运算过程的输入参数是长度为 16bit 的二进制数，那么可以把长度为 32bit 的源、目的 IP 地址（IPv4 地址）各分成两段 IP 地址（每段长度为 16bit）。对这 4 段长度为 16bit 的二进制数进行异或运算，以计算哈希值。

在上述例子中，计算哈希值的过程见表 3-1。

表 3-1 异或运算负载均衡举例

源 IP 地址：10.0.0.1 目的 IP 地址：20.0.0.2	十进制	运算	二进制
源 IP 地址前半段（16bit）	10.0		00001010 00000000
源 IP 地址后半段（16bit）	0.1	XOR	00000000 00000001
目的 IP 地址前半段（16bit）	20.0		00010100 00000000
目的 IP 地址后半段（16bit）	0.2		00000000 00000010
异或运算结果（哈希值）	7683		00011110 00000011

通过表 3-1 所示的运算过程，已经完成实现负载均衡输出的第一步，得到了哈希值——7683。接下来要进行取模运算，由于在输出端口组中有 4 个成员端口。因此，负载均衡输出端口顺序号为 7683 MOD 4，模余为 3。该数据包应该从输出端口组的 3 号成员端口输出，过程如图 3-19 所示。

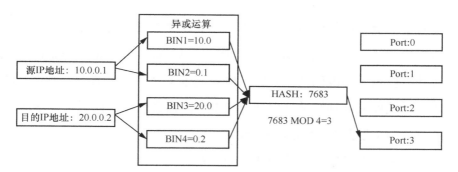

图 3-19   基于源或目的 IP 地址的哈希值计算负载均衡过程

对于同一会话的反向数据包，源 IP 地址为 20.0.0.2，目的 IP 地址为 10.0.0.1，通过表 3-1 所示的异或运算过程得到的哈希值是一样的。因此，可以确保同一会话的双向数据包从相同的输出端口输出。

3.4.6   同源同宿

1. 同源同宿的需求背景

为满足不断增长的业务流量需求，并确保网络的可靠性，IDC、城域网等关键网络节点的出口链路通常会连接两个不同的局向，而且每个局向又往往包含多条链路。在此组网场景下，IDC 或城域网中的用户访问网络所产生的同一会话的上下行流量可能会出现在多条物理链路中，如图 3-20 所示[3]。

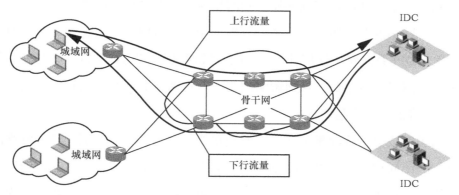

图 3-20   同源同宿的需求背景

在对网络流量进行检测、分析的过程中往往要求将同一会话的上下行数据包输出给同一台检测/分析设备进行处理，以保证处理数据的完整性，否则将会影响分析结果的准确性，并影响检测/分析设备的可用性[4]。因此，要求作为应用系统前端进行流量预处理的汇聚分流器必须具备同源同宿功能。

2. 非对称流量对各类分析系统的影响

对需要基于关键字进行监测和拦截的系统（如 IDC 信息安全管理系统），如果一次网页访问会话中的上下行流量由不同的 DPI 系统处理，则接收到下行数据包的 DPI 系统将能够通过对下行数据包进行重组后解析出网页中是否包含特定的关键字，而接收到上行数据包的 DPI 系统则能够根据 HTTP GET 报文解析出用户访问网页的 URL，但无法对位于不同 DPI 系统上的这两条信息进行关联。因此，接收到上行数据包的 DPI 系统将无法知道哪一个 URL 对应的网页含有非法内容，也就无法对该非法访问进行拦截，同时也无法向应用系统上报完整的监测日志。

对于流量流向分析系统，上下行流量由不同的 DPI 系统处理，将导致 DPI 系统产生不完整的流量统计日志，这些不完整的流量统计日志将影响后台分析系统对流量进行准确的统计分析。

对于部分必须通过双向流量才能识别的协议，将导致 DPI 系统无法准确识别网络应用，从而误识别或漏识别网络应用，影响识别的准确性。

对于网络或业务质量分析系统，由于无法获得同一会话完整交互的双向数据包，DPI 系统将无法统计出如 TCP 建链时延、HTTP 首包响应时延等各种重要的网络质量指标，从而影响网络或业务质量分析系统的正常使用。

3. 流量同源同宿原理

为了解决上下行流量分布在不同链路的问题，需要对监测链路的网络流量进行同源同宿处理。网络流量的同源同宿是基于哈希表来实现的，通过把关键键值映射到表中的某一个位置来进行快速查找。这个映射函数被称为哈希函数，存放记录的数组被称为哈希表。同源同宿的哈希算法中的关键键值是每条流的五元组信息（源 IP 地址、目的 IP 地址、源端口号、目的端口号及传输层协议类型），同样的五元组得出的哈希算法结果是一样的。在进行流量汇总输出时，只需要将同样哈希值的流量通过同一输出端口输出，则能实现上下行流量的同源同宿输出。同源同宿具体的实现原理参见第 3.4.5 节。

4．同源同宿方案

同源同宿的部署方案根据具体使用情况可被分为盒式或框式单板卡同源同宿方案、框式汇聚分流器多板卡同源同宿方案、同机房多框式汇聚分流器同源同宿方案、跨机房同源同宿方案、异厂商同源同宿方案。

① 盒式或框式汇聚分流器单板卡同源同宿方案

如图 3-21 所示，盒式或框式汇聚分流器单板卡设备同源同宿方案中，流量的输入和输出均在同一块板卡上完成，盒式汇聚分流器的内部实际上也是一块板卡。此时，通过在板卡上配置相应的哈希算法即可实现从同一个输出端口输出具有相同哈希值的流量，满足同源同宿的需求。该方案适用于监测链路数量较少的应用场景。

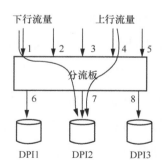

图 3-21　盒式或框式汇聚分流器单板卡同源同宿方案示意图

② 框式汇聚分流器多板卡同源同宿方案

此方案适用于监控链路数量较多，需要由汇聚分流器的多块板卡来完成流量的输入和输出的情况。此时，为多块板卡配置相同的哈希算法，在输出流量时框式汇聚分流器内多块板卡通过机箱背板或交换板卡将各板卡接入的经哈希计算后具有相同哈希值的流量从同一个输出端口输出即可，如图 3-22 所示。

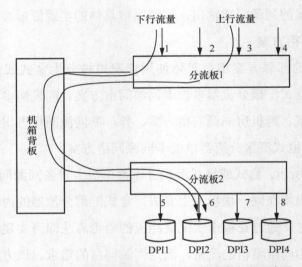

图 3-22　框式汇聚分流器多板卡同源同宿方案示意图

③ 同机房多框式汇聚分流器同源同宿方案

此方案适用于当监控链路数量很多，无法由单一框式汇聚分流器接入而需要多个框式汇聚分流器接入的情况。此时，将所有框式汇聚分流器的板卡配置为完全一致的哈希算法，并将不同机框上具有相同哈希值的输出端口输出的流量接入同一个分析设备进行处理即可，如图 3-23 所示。

当单个机房内监控链路数量特别庞大，上述方案将受到单台分析设备端口数量和数据处理能力的限制，此时，单台分析设备的端口数量不足，无法与全部框式汇聚分流器的输出端口相连接，或者单台分析设备的数据处理能力无法满足全部框式汇聚分流器输出流量的要求，则需要采用二级分流的方案。在此方案中，第一级汇聚分流器接入链路流量并采用同样的哈希算法将流量输出给第二级汇聚分流器，第二级汇聚分流器将接收到的流量再进行同源同宿输出给分析设备，如图 3-24 所示。

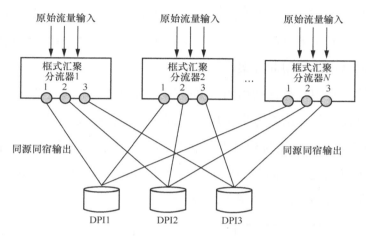

图 3-23　同机房多框式汇聚分流器同源同宿方案示意图

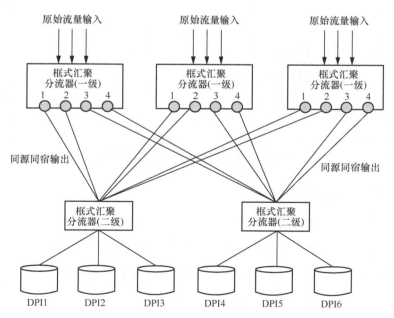

图 3-24　同机房多框式汇聚分流器级联同源同宿方案示意图

④ 跨机房同源同宿方案

当监控链路分布在不同机房时，即需要使用跨机房同源同宿方案。在将两个机房的接入流量完全复制到同一个机房后，可在单个机房完成同源同宿处理和采集。但如果监控链路数量较多，则此方案将会消耗大量传输链路资源，因此通常很少使用此方案。

在实际工程中，经常使用的方案是通过在两个机房间复制各自的上行流量并将复制流量传递给对方来实现同源同宿，通过相互复制上行流量一方面可以保证每个机房均能监控到两个机房的所有上行流量和本机房的下行流量，从而可以满足同源同宿的要求。另一方面可以减少跨机房进行流量调度所消耗的传输链路资源，如图 3-25 所示。

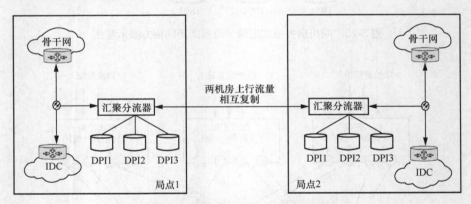

图 3-25　跨机房同源同宿方案示意图

⑤ 异厂商同源同宿方案

对于异厂商汇聚分流器的同源同宿，目前比较可行的方案是在两个厂商的汇聚分流器中通过分流策略将指定 IP 地址段的流量分发到同一厂商的汇聚分流器中进行处理，从而保证对同一用户的上下行流量经由同一厂商的汇聚分流器进行同源同宿处理，如图 3-26 所示。

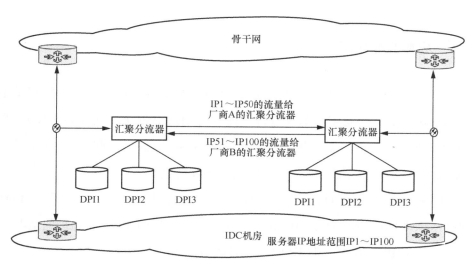

图 3-26　异厂商同源同宿方案示意图

3.5　汇聚分流数据匹配功能

数据匹配是对进入汇聚分流器的数据包/流进行规则匹配,以便对不同的数据包/流进行相应的处理。进行规则匹配的主要目的是按照预先配置的规则或后端应用系统下发的策略对该类数据包/流进行与相应分类的匹配,以便后续对该类数据包/流进行一些已完成事先约定的处理。

任意一条规则均可以与特定的数据输入端口、输入或输出端口组关联,对接收的数据进行规则匹配。规则编码必须是整机内全局编码。根据配置文件要求,编号可以手工指定、由管理协议加载或自动计算产生。规则可以指定是否进行匹配命中计数。对要求计数的规则,每次有数据包命中便进行相应计数。

汇聚分流器的规则匹配功能根据是否需要高级业务处理芯片的支持,可被分为基本匹配功能和高级匹配功能。

3.5.1　基本匹配功能

基本匹配功能，只需要交换芯片的支持，其支持的规则匹配一般有基于外层 IP 地址信息的规则匹配（包含带掩码规则及不带掩码规则的情况）、基于 MAC 地址信息的规则匹配、基于 VLAN 标签信息的规则匹配。基于外层 IP 地址信息的规则匹配同时支持 IPv4 和 IPv6 地址。

（1）基于外层 IP 地址信息的规则匹配至少支持以下 5 类规则的匹配（包括带掩码规则和不带掩码规则的情况，以及同时支持 IPv4 和 IPv6 地址的情况）

① 基于 IP 一元组：源 IP 地址或目的 IP 地址。

② 基于 IP 二元组：源 IP 地址、目的 IP 地址。

③ 基于 IP 三元组：源 IP 地址、目的 IP 地址、协议号。

④ 基于 IP 四元组：源 IP 地址、源端口号、目的 IP 地址、目的端口号。

⑤ 基于 IP 五元组：源 IP 地址、源端口号、目的 IP 地址、目的端口号、协议类型。

（2）基于 MAC 地址信息的规则匹配支持以下 3 类

① 基于源 MAC 地址；

② 基于目的 MAC 地址；

③ 基于源及目的 MAC 地址。

（3）基于 VLAN 标签信息的规则匹配支持 2 层及以上层数的 VLAN 标签

能够同时匹配多层 VLAN 标签，也可以匹配特定层的 VLAN 标签（如最内层或最外层 VLAN 标签）。

3.5.2　高级匹配功能

高级匹配功能，需要配合 NP 芯片等高级业务处理芯片才能实现，其支持的规则匹配一般包括基于内层 IP 地址信息的规则匹配、基于信令协议类型的规则匹配（如 GTP、NGAP）、基于 VoLTE 相关协议（如 SIP、RTP）的规则匹配、基于特定 IMSI/SUPI 的规则匹配、基于特定 URL 的规则匹配、基于应用层协议的规则匹配、基于传输层载荷特征码的规则匹配、基于 TCP Flag 及载荷长度的规则匹配、基于复合规则（以上多种规则组合）的规则匹配[5]。

（1）基于内层 IP 地址信息的规则匹配至少支持以下 5 类规则的匹配（需要同时支持不带掩码规则及带掩码规则的匹配，以及同时支持 IPv4 及 IPv6 地址）

①　基于 IP 一元组：源 IP 地址或目的 IP 地址。

②　基于 IP 二元组：源 IP 地址、目的 IP 地址。

③　基于 IP 三元组：源 IP 地址、目的 IP 地址、协议号。

④　基于 IP 四元组：源 IP 地址、源端口号、目的 IP 地址、目的端口号。

⑤　基于 IP 五元组：源 IP 地址、源端口号、目的 IP 地址、目的端口号、协议类型。

（2）基于信令协议类型或 VoLTE 相关协议的规则匹配

支持如 S1AP、RADIUS、SIP、GTPv0、GTPv1、GTPv2、NGAP、RTP 等。

（3）基于特定 IMSI/SUPI 的规则匹配

可匹配包含特定 IMSI/SUPI 信息的原始信令流量。

（4）基于特定 URL 的规则匹配

可匹配纯 HOST 的 URL 类型，或 HOST 与 URI 组合类型的流量。

（5）基于应用层协议的规则匹配

支持如 HTTP、SMTP、POP3、IMAP、FTP、DNS 等。

（6）基于传输层载荷特征码的规则匹配，需要同时支持以下 3 类规则

①　固定位置特征码规则：从载荷头部的固定偏移开始，支持指定的载荷匹配范围和指定的特征码长度。

② 窗口位置特征码规则：支持窗口范围浮动位置特征码规则匹配，支持指定长度的特征码、指定的窗口起始位置和指定的窗口宽度。

③ 全包浮动特征码规则：支持全包范围浮动位置特征码规则匹配，支持指定的特征码长度。

（7）基于 TCP Flag 及载荷长度的规则匹配

主要用于过滤不带载荷的 ACK 及握手报文，其中 Flag 标准位包括 SYN、ACK、FIN、RST、PIN 和 URG 等。

（8）基于复合规则（以上多种规则组合）的规则匹配

复合规则是指规则的与操作，应支持以上基本匹配规则及高级匹配规则的与操作，以及不同高级匹配规则的与操作，具体如下：

① 基于外层 IP 地址信息+基于信令协议类型；

② 基于外层 IP 地址信息+基于特定 IMSI；

③ 基于外层 IP 地址信息+基于特定 URL；

④ 基于内层 IP 地址信息+基于特定 URL；

⑤ 基于内层 IP 地址信息+基于传输层载荷特征码；

⑥ 基于传输层载荷特征码+传输层载荷特征码。

参考文献

[1] PCI Industrial Computers Manufacturers Group. Advanced telecommunications computing architecture (ATCA): PICMG 3.0[S]. 2003.

[2] 潘子浩. 基于一致性哈希的负载均衡算法研究[J]. 现代计算机, 2021(22): 81-86.

[3] 扶奉超, 牛云, 曹维华, 等. 跨流量采集设备同源同宿技术探讨[J]. 广东通信技术, 2021, 41(10): 2-4, 10.

[4] 潘洁, 高峰, 刘栋, 等. 基于 DPI 不对称流量的同源同宿解决方案[J]. 电信科学, 2016, 32(12): 116-121.

[5] 工业和信息化部. 网络汇聚分流设备技术要求: YD/T 4141—2022[S]. 2022.

第 4 章　5G 网络流量分析技术

在 5G 网络中，流量主要被分为信令面和用户面的流量。面对不同类型、不同协议的流量，需要采取不同的技术对其进行解析识别。同时，为了使分析结果更加全面、准确和完整，需要使用关联合成技术。此外，根据解析识别的情况及业务需求，还可以对 5G 网络流量进行控制处理等操作。

根据协议类型的不同，信令面流量还可以进一步被细分为 NGAP 流量、SBI 流量、包转发控制协议（PFCP）流量、GTP 控制面（GTP-C）流量。具体内容如下：

① NGAP 流量主要存在于 5G (R)AN 与信令面网元交互的接口中，如 N1、N2；

② SBI 流量，存在于 N5、N6、N7、N8、N11 等接口中，均采用 HTTP/2 通信；

③ PFCP 流量，主要存在于 5G 网络信令面和用户面之间交互的 N4 接口中；

④ GTP-C 流量，主要存在于 5G 网络中的 N26 接口中。

用户面流量主要存在于 N3、N9 接口中，采用 GTP 用户面（GTP-U）封装，进入 DN 前（如互联网），UPF 会对 GTP-U 进行解封装，因此 N6 接口的流量为 TCP/IP 的数据包格式。

此外，语音业务的流量 VoIP，如 VoNR、5G 回落 4G 语音方案的 VoLTE 也会在 5G 网络中传输，主要存在于 UPF 和 IMS 网元 SBC 之间的 Gm 接口中。VoIP 的流量控制面主要采用 SIP，媒体面主要采用 RTP 或实时传输控制协议（RTCP）。每一类接口对应的流量协议类型如图 4-1 所示。

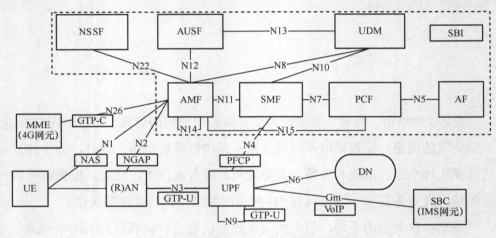

图 4-1　5G 网络接口流量类型示意图

4.1　信令面解析识别

4.1.1　NGAP 流量识别

NGAP 为 NG 控制面（NG-C）接口所使用的协议，将 NG-C 接口定义为 NG-(R)AN 节点和 5G 网络的 AMF 之间的接口，主要实现寻呼、UE 上下文管理、MM、PDU 会话管理、NAS 传输、NAS 节点选择等功能[1]。NGAP 协议栈如图 4-2 所示，其传输网络层建立在 IP 层之上，为了更可靠地传输信令消息，在 IP 层之上增加流控制传输协议（SCTP）层，最后再是 NGAP 层。

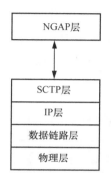

图 4-2　NGAP 协议栈

3GPP 定义，N1 接口为 UE 与 AMF 通信的接口，N2 接口为 5G-AN（包括 eNB、gNB 及 non-3GPP 接入的网元）和 AMF 通信的接口。但从实际物理传输的角度看，UE 与 AMF 不直接相连接，如图 4-3 所示，需要经过 5G-AN 透传转发，N1 接口是逻辑概念的接口，主要用于传递 NAS 层信令[2]，不存在物理接口。因此 N1/N2 接口的流量需要在 5G-AN 和 AMF 之间的链路上采集。

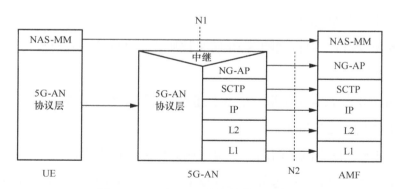

图 4-3　UE 和 AMF 之间的接口示意图

根据 NGAP 协议栈，对 N1/N2 接口流量进行解析识别，有以下几个步骤。先对 SCTP 报文进行处理，如对获取的各个数据块进行分片重组、流分类等操作，将分散的 SCTP 报文归类重组成一条完整的流；再对流里面的 NGAP

进行协议解析，NGAP 里面的数据将会使用 ASN.1 标准来编码，需要进行 ASN.1 标准解码来获取 NGAP 包含的数据部分；如果是 N1 接口的流量，为了通信安全，NAS 层一般会加密，因此还需要对 NAS 的消息内容进行解密及解析。此外，还需要对 N1/N2 接口流量进行保存，以便后续进行信令流量回溯、问题定位等。

NGAP 流量解析识别具体流程如图 4-4 所示。

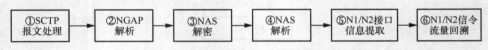

图 4-4　NGAP 流量解析识别具体流程

① SCTP 报文处理：对 SCTP 报文进行解析，获取各个数据块，对各个数据块进行分片重组、流分类等操作，提供给下一步处理。

② NGAP 解析：主要对 NGAP 携带的数据部分进行 ASN.1 标准解码，提取信令相关信息。

③ NAS 解密：对带有 NAS 消息的 NGAP 报文进行 NAS 解密，获取解密后的明文的 NAS 消息。

④ NAS 解析：对得到的 NAS 明文按协议定义的字段进行解析，提取信令相关信息。

⑤ N1/N2 接口信息提取：根据上述步骤提取最终所需要的信息，形成如话单类型的最终记录结果。

⑥ N1/N2 信令流量回溯：在提取相关信息的过程中，还需要对 N1/N2 信令流量进行保存，支持远程查询并以 Pcap 包的形式输出，用于后期故障排查和问题定位等。

下面重点介绍 NAS 解密的技术原理。

（1）NAS 加密原理

5G NAS 信令消息的加密保护作为 NAS 的一部分，通过对明文的 NAS

消息进行加密后再传输消息，以保护消息的完整性和私密性。NAS 加密的原理可分为两个部分，即 NAS 加密密钥的产生，以及加密算法的选择与使用。NAS 加密密钥是在 UE 终端开机时进行网络注册认证的过程中产生的，当认证成功后，UE 侧与网络侧均生成及留存相同的 NAS 加密密钥，UE 再通过选择 NAS 加密算法即可和网络传输 NAS 加密信令[3-4]。

UE 进行网络注册认证的过程中涉及一系列的密钥生成，在 3GPP TS 33.501 文档中规定了 5G 网络中各个密钥的层次派生关系[5]，如图 4-5 所示。其中根密钥 K 长期存储于 UE 和 UDM 或认证凭证存储库和处理功能（ARPF）中，当全球用户标志模块（USIM）首次开通激活时，一次性写入 USIM，同时 UDM/ARPF 也会记录备案，该根密钥 K 不可读取且不会在网络中传输，只能进行运算派生出其他密钥。根据根密钥 K，UE 和 UDM/ARPF 通过一定的算法推导派生出其他密钥，用于 UE 侧和网络侧的双向认证。

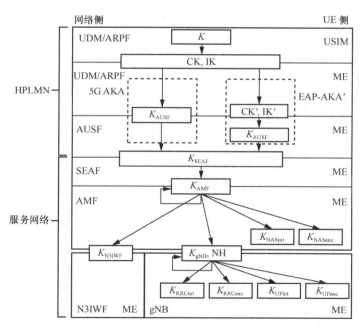

图 4-5 5G 网络密钥层次派生关系

表 4-1 为 5G 网络密钥的相关定义及描述。

表 4-1　5G 网络密钥的相关定义及描述

5G 网络密钥	相关定义及描述
K	根密钥 K，由 UE 和 UDM 长期持有，不可读取，不会在网络中传输，只进行运算
CK	加密密钥，在认证和密钥协商过程中由根密钥 K 派生而得
IK	完整性密钥，在认证和密钥协商过程中由根密钥 K 派生而得
CK′	在 EAP-AKA′情况中，由 CK 派生而得的另一个加密密钥
IK′	在 EAP-AKA′情况中，由 IK 派生而得的另一个加密密钥
K_{AUSF}	在 AUSF 认证过程中使用的密钥，在 5G AKA 中由 CK 和 IK 派生而得，在 EAP-AKA′中由 CK′和 IK′派生而得
K_{SEAF}	在 SEAF（安全锚点功能）认证过程中使用的密钥，由 K_{AUSF} 推导派生而得
K_{AMF}	在 AMF 认证过程中使用的密钥，由 K_{SEAF} 推导派生而得
K_{NASint}	NAS 完整性校验使用的密钥，由 K_{AMF} 推导派生而得，仅用于通过使用特定完整性算法来保护 NAS 信令
K_{NASenc}	NAS 加密使用的密钥，由 K_{AMF} 推导派生而得，仅用于通过使用特定加密算法来保护 NAS 信令
K_{gNB}	NG-(R)AN 使用的密钥，由 K_{AMF} 推导派生而得
NH	NG-(R)AN 使用的密钥，由 K_{AMF} 推导派生而得，用于保证前向安全性
K_{N3IWF}	N3IWF 使用的密钥，由 K_{AMF} 推导派生而得，用于非 3GPP 接入
K_{RRCint}	RRC 信令完整性校验使用的密钥，由 K_{gNB} 推导派生而得，仅用于通过使用特定完整性算法来保护 RRC 信令
K_{RRCenc}	RRC 信令加密使用的密钥，由 K_{gNB} 推导派生而得，仅用于通过使用特定加密算法来保护 RRC 信令
K_{UPint}	用户面流量完整性校验使用的密钥，由 K_{gNB} 推导派生而得，仅用于通过使用特定完整性算法来保护移动设备（ME）（UE）和 gNB 之间的用户面业务
K_{UPenc}	用户面流量加密使用的密钥，由 K_{gNB} 推导派生而得，仅用于通过使用特定加密算法来保护 ME（UE）和 gNB 之间的用户面业务

在 5G 网络密钥的推导派生过程中，会使用密钥派生函数（KDF）来推导密钥。KDF 源于密码学，是指使用伪随机函数从诸如主密钥或密码的秘密值中派生出一个或多个密钥。KDF 可以结合非秘密参数从公共秘密值（有时也被称为"密钥多样化"）派生出一个或多个密钥，这种使用可以防止获得派生密钥（DK）的攻击者知道关于输入秘密值或任何其他派生密钥的有用信息。KDF 还可用于确保派生密钥具有其他属性，例如避免某些特定加密系统中的"弱密钥"。由于 KDF 具备很强的安全性，3GPP TS 33.501 规定 5G 网络中的所有密钥的派生均需要使用 KDF。KDF 可以表示为 DK=KDF(Key, Salt, Iterations)，其中 Key 是原始密钥或密码，Salt 是作为密码的随机数，Iterations 是指子功能的迭代次数。

在 3GPP TS 33.220 中详细描述了 KDF 在 5G 网络中如何使用。其中 KDF 的输入参数是以字节为单位的字符串，而不是任意长度的 bit 字符串，以及单个输入参数的长度不超过 65535 字节，此外 KDF 采用 HMAC-SHA-256 算法。5G 网络的 KDF 具体可表示为 DK= HMAC-SHA-256 (Key, S)，S 由 $n+1$ 个参数组成（具体为 $S = FC \parallel P0 \parallel L0 \parallel P1 \parallel L1 \parallel P2 \parallel L2 \parallel P3 \parallel L3 \parallel \cdots \parallel Pn \parallel Ln$）。其中 FC 为单字节，不同的值表示不同的算法；$P0, \cdots, Pn$ 为参数的编码值；$L0, \cdots, Ln$ 为双字节，表示 $P0, \cdots, Pn$ 编码值的长度。

由于 NAS 密钥不会在网络中传输，为了获取 NAS 密钥用于 NAS 解密，需要在 5G AKA 认证过程中获取 NAS 密钥派生前的中间密钥，如 K_{SEAF}，然后再根据 KDF，重新推导计算得到 NAS 密钥。下面以 5G AKA 认证过程为例，说明中间密钥所在的接口及获取其的可能性。图 4-6 所示为 5G AKA 认证过程，主要涉及 UE、SEAF、AUSF、UDM 等网元的 N1/N2、N12、N13 接口消息流程交互。其中 SEAF 是 5G 网络功能之一，其创建统一的锚键提供给 UE 使用，主要用于认证和后续通信保护，SEAF 通常通过 AMF 来实现认证功能，即 SEAF 集成在 AMF 中。

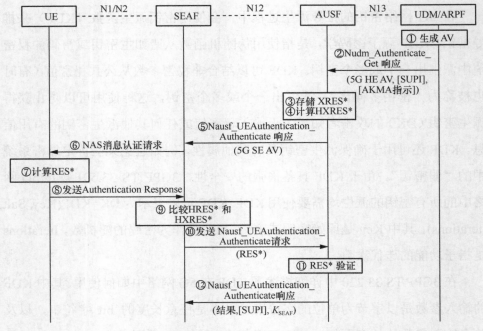

图 4-6 5G AKA 认证过程

UE 向 AMF 发起初次 Register 注册时会触发 5G AKA 认证。具体的认证过程由 UDM、AUSF、SEAF、UE 完成，UDM 生成认证向量（AV），AUSF负责对 UE 进行鉴权认证，UE 通过 SEAF 也对网络进行认证。详细的 5G AKA认证过程如下。

① 5G AKA 认证开始时，UDM/ARPF 会接收到由 UE 发起的 Nudm_Authenticate_Get 请求，此时 UDM 会对每一个这类请求创建 5G AV。在创建 5G AV 的过程中，UDM 会产生一个随机数 RAND 和一个序列号（SQN），然后和需要认证的 UE 的根密钥 K 一起运算得到报文认证码（MAC）、预期用户响应（XRES）、CK、IK、匿名密钥（AK）；再通过 SQN 和 AK、AMF 及报文认证码来计算出鉴别令牌（AUTN）；然后通过 KDF 根据 XRES推导出 XRES*；再通过 KDF 根据 CK 和 IK 推导出 K_{AUSF}；最后创建 5G HE AV

（RAND，AUTN，XRES*，K_{AUSF}）。

② UDM/ARPF 在 Nudm_Authenticate_Get 响应中将 5G HE AV（RAND，AUTN，XRES*，K_{AUSF}）发送给 AUSF。如果在 Nudm_Authenticate_Get 请求消息中包含用户隐藏标识符（SUCI），则 UDM/ARPF 在 Nudm_Authenticate_Get 响应中还携带参数 SUPI。

③ AUSF 将接收到的 XRES*与 SUCI 或 SUPI 一起存储。

④ AUSF 通过 KDF 根据 XRES*推导出 HXRES*，然后根据 K_{AUSF} 推导出 K_{SEAF}，创建 5G SE AV（RAND，AUTN，HXRES*，K_{SEAF}）。

⑤ AUSF 向 SEAF 发送 Nausf_UEAuthentication_Authenticate 响应消息，消息携带 5G SE AV，获取 SEAF 中的 RAND、AUTN 等参数。

⑥ SEAF 通过 NAS 消息认证请求向 UE 发起鉴权流程，携带接收到的参数 RAND 和 AUTN，此外还会携带下一代密钥集标识符（ngKSI）参数，UE 和 AMF 网元会使用这个参数标识 K_{AMF} 和部分安全上下文信息。UE 的 ME 会将接收到的参数 RAND 和 AUTN 传送给 UE 的 USIM。

⑦ USIM 接收到参数 RAND 和 AUTN 后，验证 5G AV 的准确性。首先，USIM 将接收到的参数 RAND 和自己的 K 计算出 AK（UE 侧）。然后根据 AUTN 推导出 SQN（网络侧）、AK（网络侧）、AMF、MAC 参数。再通过 SQN（网络侧）、AK（UE 侧）和 AK（网络侧）计算出 SQN（UE 侧）。接着通过 K（UE 侧）、SQN（UE 侧）、AMF 和 RAND 计算出 XMAC，此时验证 XMAC 和 MAC 是否相同，如果不同，则向网络侧发送认证失败消息；如果相同，则继续进行认证。再验证 SQN（UE 侧）是否在正常值范围内，若不在则发送同步失败消息给网络侧，若正常则认定 AUTN 是许可的。当认定 AUTN 是许可的后，USIM 会计算出认证应答（RES），以及自己的 CK、IK，然后将这几个参数发送给 ME。ME 将根据 RES 计算出 RES*，然后通过 KDF 根据 CK、IK 推导出 K_{AUSF}，再推导出 K_{SEAF}。

⑧ UE 侧给网络侧发送 NAS 鉴权响应消息 Authentication Response，消息中携带 RES*。

⑨ SEAF 根据接收到的 RES*推导出 HRES*，然后将 HRES*和 HXRES*进行比较，如果比较结果一致，则网络侧对 UE 侧的鉴权认证成功，如果不一致，则鉴权认证失败。

⑩ SEAF 向 AUSF 发送 Nausf_UEAuthentication_Authenticate 请求，携带 RES*等参数。

⑪ AUSF 在接收到 Nausf_UEAuthentication_Authenticate 请求后，首先判断 AV 是否过期，如果过期则鉴权认证失败；若成功，此时 AUSF 会存储第②步接收到的 K_{AUSF}。然后对 RES*和 XRES*进行比较，如果比较结果一致，则鉴权认证成功，并将鉴权认证结果发送给 UDM。

⑫ AUSF 向 SEAF 发送 Nausf_UEAuthentication_Authenticate 响应，告诉 SEAF 这个 UE 在归属网络中的鉴权认证结果，不论鉴权认证是否成功。如果鉴权认证成功，Nausf_UEAuthentication_Authenticate 响应会携带 K_{SEAF}，SEAF 接收到的 K_{SEAF} 就会成为锚点 Key，然后 SEAF 根据 K_{SEAF} 推导出 K_{AMF}，再将 ngKSI 和 K_{AMF} 发给 AMF 使用。

从 5G AKA 认证过程的第②步可以看出，N13 接口的流量会携带 K_{AUSF} 密钥，从第⑤步可以看出，N12 接口的流量会携带 K_{SEAF} 密钥，而在第⑧步中，虽然 SEAF 会把 K_{AMF} 传输给 AMF，但 SEAF 和 AMF 集成在一起，故无法从接口流量中获取 K_{AMF}。综上所述，可以在 N12 接口的流量中获取 K_{SEAF} 密钥，然后自行推导出 K_{AMF}，再推导出 K_{NASint} 和 K_{NASenc}，利用加密密钥 K_{NASenc} 对 NAS 消息进行解密。

（2）NAS 解密原理及流程

根据上述 NAS 加密原理内容，NAS 解密的流程可被分为 3 个部分，分别为密钥 K_{AMF} 推导、密钥 K_{NASenc} 推导、NAS 消息解密。

① 密钥 K_{AMF} 推导

5G 鉴权基于 HTTP/2 的 N12 接口，通过 nausf-auth、ue-authentications 流程完成鉴权认证过程，其中包含 4 条交互消息，最后一个数据包消息携带密钥 K_{SEAF}，如图 4-7 所示。

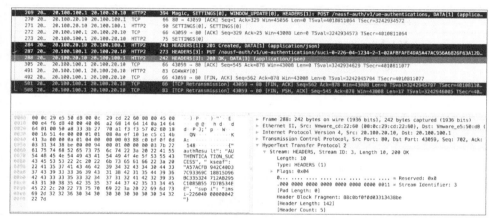

图 4-7　N12 接口鉴权认证数据包示意图

除了获取密钥 K_{SEAF}，还需要从 N12 接口获取 UE 的 SUPI 及反架构间降级攻击（ABBA）参数，作为计算 K_{AMF} 的 KDF 的输入参数。根据文档 3GPP TS 33.501，$K_{AMF}=\text{HMAC-SHA-256}(K_{SEAF}, S)$，其中 $S=FC \parallel P0 \parallel L0 \parallel P1 \parallel L1$，FC 固定为 0x6D，P0 为 SUPI，L0 为 SUPI 的长度，P1 为 ABBA 参数（3GPP 定义为 0x0000），L1 为 ABBA 的长度。通过计算即可得到密钥 K_{AMF}，然后根据加密方式进一步推导出 NAS 加密密钥 K_{NASenc}。

② 密钥 K_{NASenc} 推导

根据 3GPP TS 33.501 文档，$K_{NASenc}=\text{HMAC-SHA-256}(K_{AMF}, S)$，其中 $S=FC \parallel P0 \parallel L0 \parallel P1 \parallel L1$，FC 为 0x69，P0 为算法类型区分器（ATD）的值，见表 4-2，由于需要计算 K_{NASenc}，故 P0 的取值为 0x01，L0 的取值则为 0x00 0x01（P0 为一位数，长度为 1），P1 代表 NAS 采用的加密算法类型，

见表 4-3，以采取 128-NEA1 加密算法为例，此时 $P1$ 的取值为 0x01，由于 KDF 规定从高位补充至 8 位 bit，则 $L1$ 的取值为 0x000x01，则可以计算出此时的 K_{NASenc}。

表 4-2　算法类型区分器

算法类型区分器	值
N-NAS-enc-alg	0x01
N-NAS-int-alg	0x02
N-RRC-enc-alg	0x03
N-RRC-int-alg	0x04
N-UP-enc-alg	0x05
N-UP-int-alg	0x06

表 4-3　NAS 加密算法类型

取值	算法类型	算法描述
0000	NEA0	空加密算法，即不加密
0001	128-NEA1	128 位基于 SNOW 3G 的算法
0010	128-NEA2	128 位基于 AES 的算法
0011	128-NEA3	128 位基于 ZUC 的算法

③ NAS 消息解密

当得到 NAS 的加密密钥 K_{NASenc} 后，只需要再获取到加密报文的其他参数，即可进行 NAS 解密。根据 3GPP TS 33.501 文档，NAS 的加密和解密需要使用 128-bit 加密算法，而 128-bit 加解密流程如图 4-8 所示。

由图 4-8 可看出，无论加密还是解密，均需要相同的输入参数，包括 128-bit 的 KEY、32-bit 的 COUNT、5-bit 的 BEARER、1-bit 的 DIRECTION 及 32-bit 的 LENGTH。其中，KEY 为加密密钥，如 K_{NASenc}、K_{RRCenc} 或 K_{UPenc}；

COUNT 为 NAS 计数；BEARER 为 NAS 的承载标识；DIRECTION 为报文传输方向，取值为 "0" 表示上行，而取值为 "1" 表示下行；LENGTH 为密钥流（KEY STREAM）要求的长度标识，而不是报文的实际长度。该加密算法先通过 NEA 算法根据 KEY、COUNT、BEARER、DIRECTION 及 LENGTH 等参数计算得到 KEY STREAM，再与明文（PLAIN TEXT）进行异或，得到密文（CIPHER TEXT）；同理，通过计算得到 KEY STREAM 后再利用其对加密报文进行解密，即可得到 PLAIN TEXT。

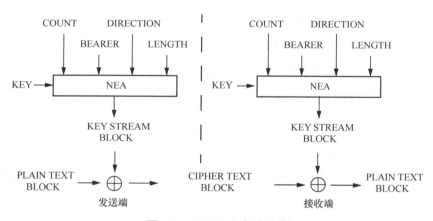

图 4-8　128-bit 加解密流程

（3）NAS 解密影响因素及资源消耗分析

保证 NAS 解密准确性的关键，从大的方面来看主要存在于两个过程中，一是 NAS 密钥的获取，二是 NAS 解密的执行。在 NAS 密钥的获取过程中，N12 接口与 N1/N2 接口的同一用户关联是影响 NAS 密钥获取率的关键；在 NAS 解密过程中，NAS 报文的丢失或者未被及时处理而导致的 COUNT 值发生跳变会影响对 NAS 报文的解密。

下面主要从 CPU、内存及硬盘 3 个方面分析 NAS 解密所需要的资源。

① CPU 资源消耗：NAS 解密主要消耗 CPU 计算资源，因为 NAS 报文

的 3 种解密算法都是计算密集型操作，给 CPU 的运算带来很大的压力，在实际解密应用中可考虑采用专用硬件加速解密。

② 内存资源消耗：对内存的要求主要是每个 UE 多存储一组 NAS 密钥，资源消耗不大。

③ 硬盘资源消耗：基本没有消耗硬盘资源。

4.1.2 SBI 流量识别

在 5G 网络中，SBI 采用了 HTTP/2 进行通信[6]，协议栈如图 4-9 所示。为了保证可靠的通信传输，SBI 的传输层采用 TCP，故先要对采集到的 SBI 流量进行 TCP 报文处理；TLS 层是可选项，采用 HTTPS 对 HTTP/2 通信进行加密，加密后需要将密文解密成明文才能继续解析识别 HTTP/2 数据。为了提高识别效率，HTTP/2 支持头部压缩技术，当 SBI 使用该技术进行通信时，可能无法获取 HTTP/2 头部压缩的相关字典信息，导致无法识别接口类型、流程信息及各个流程的响应状态，因此需要对 HTTP/2 头部压缩进行解析识别。在识别 HTTP/2 头部后，可使用载荷特征匹配技术或者正则表达式匹配技术，按照 HTTP/2 载荷部分所定义的固定格式对信令消息进行识别解析并记录下来。故对 SBI 流量的解析识别流程如图 4-10 所示。

| 应用 |
| HTTP/2 |
| TLS |
| TCP |
| IP |
| L2 |
| L1 |

图 4-9　SBI 流量协议栈

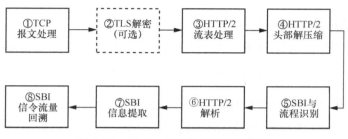

图 4-10　对 SBI 流量的解析识别流程

① TCP 报文处理：对 TCP 报文进行乱序重组、流分类等操作，将有序的 TCP 报文提供给下一步进行处理。

② TLS 解密（可选）：该项为可选项，如果 SBI 通信采用 TLS 加密，则需要将 SBI 流量解密成明文，然后才能继续进行解析识别。

③ HTTP/2 流表处理：按流归类对 HTTP/2 报文进行处理，建立流会话表，在流之上进行用户及流程的处理。

④ HTTP/2 头部解压缩：对 HTTP/2 头部进行解压缩操作，以 TCP 流为基础维护 HTTP/2 头部压缩信息，包括新增、老化、查找等。

⑤ SBI 与流程识别：根据 IP 地址、协议特征等信息区分出该报文属于哪个接口的哪个流程，按相应的接口及流程进行分类。

⑥ HTTP/2 解析：根据各个接口的协议规范对报文进行解析，提取各个接口相关信息。

⑦ SBI 信息提取：根据上述步骤提取出各接口最终所需要的信息，形成如话单类型的最终记录结果。

⑧ SBI 信令流量回溯：在提取相关信息的过程中，还需要对各个 SBI 信令的流量进行保存，支持远程查询并以 Pcap 包的形式输出，用于后期故障排查和问题的定位等。

下面重点介绍 HTTP/2 头部压缩技术原理和 HTTP/2 头部解压缩解析识别技术原理。

（1）HTTP/2 头部压缩技术原理

HTTP/2 头部压缩技术在 RFC 7541 中有相关定义，主要是由静态字典和动态字典组成索引，将常见的头部名称（name）和头部值（value）用一个索引表示，或者将 name 用索引表示而通过赫夫曼编码表对 value 进行编码，又或者均通过赫夫曼编码表对 name 和 value 进行编码，如图 4-11 所示。在进行 HTTP/2 头部压缩前，一条请求头信息需要携带较多的信息，进行 HTTP/2 头部压缩之后，头部占用的空间相对较少，整体数据包变小，有利于节省网络传输流量及缩短数据包到达目的地的时间，同时避免了传输 cookie 这类不会产生频繁变动的内容所造成的资源浪费。

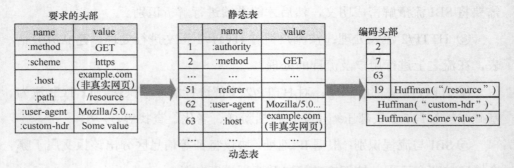

图 4-11　HTTP/2 头部压缩示意图

使用 HTTP/2 头部压缩进行通信的客户端和服务端，为了能够正常通行，通常需要遵守以下规则：

① 维护一份相同的静态表，包含常见的头部名称，以及特别常见的头部名称与值的组合；

② 维护一份相同的动态表，可以动态地向表中添加内容，将静态表和动态表组合起来充当字典的角色；

③ 每次请求时，消息发送方（如客户端）根据字典的内容及一些特定指令，编码压缩消息头部；

④ 消息接收方（如服务端）根据字典进行解码，并且根据指令来判断是否需要更新动态表；

⑤ 双方支持基于静态赫夫曼码表的赫夫曼编码。

静态表比较简单，只包含已知的、常用的字段，如用数字"2"表示 name ":method" 和 value "GET" 的组合、数字"19"只表示 name ":path"。而动态表，最初是一张空表，每当消息接收方加压头部时都有可能会添加条目，如表示"cookie:xxxxxx"，首先用数字"32"表示 name "cookie"，同时告知对方是否对 value "xxxxxx" 进行编码及是否添加到动态表中，以此来维护同一张动态表；此外，动态表允许包含重复的条目，以及大小也被严格限制。赫夫曼码表是静态的、固定的，根据实际需求调用即可。

静态表和动态表组成一个索引地址空间。假设静态表长度为 s，动态表长度为 k，那么最终的索引地址空间见表 4-4。其中索引 1～s 是静态表，$s+1$～$s+k$ 是动态表，若有新的条目增加，则在动态表的开头插入（即在 s 的位置后面开始增加），若需要删除条目，则从动态表的末尾开始移除（即从 $s+k$ 的位置开始）。

表 4-4　索引地址空间

静态表			动态表		
1	⋯	s	$s+1$	⋯	$s+k$

当由客户端和服务端形成这个索引地址空间之后，就可以根据索引对 HTTP/2 头部进行压缩，对压缩后的头部也需要根据一定的规则进行表示，以便使通信双方可读，header 字段的表示有两种方法，即数字表示法和字符串表示法。

数字表示法用来表示具体的数值，主要用于 name 的索引、header 字段的索引及字符串长度，具体表示规则如下。先使用 1 字节表示，使用限定位数的前缀（根据具体需求限定前缀位数）表示，如果索引值在剩余的位数表示范围内则直接使用 1 字节来表示，若超过该范围，则通过增加字节来表示值，从第 2 字节开始，后面的字节的第 1 位固定用于标志位，取值为 1 说明还需要下一字节继续表示值，取值为 0 则说明无须下一字节继续表示值，剩余 7bit 通过取余或取商来表示索引值，具体计算过程由图 4-12 所示的伪代码实现。其中，N 为第 1 字节中剩余能够用来表示值的位数，I 为需要表示的初始值，数字表示法也缩写为 "$N+$"，即 N 位前缀表示法。

```
if I < 2^N - 1, encode I on N bits
else
    encode (2^N - 1) on N bits
    I = I - (2^N - 1)
    while I >= 128
        encode (I % 128 + 128) on 8 bits
        I = I / 128
    encode I on 8 bits
```

图 4-12　数字表示法算法示意图

下面通过举例说明数字表示法原理。

首先假定 $N=7$，即采用 7 位前缀表示法。

设 $I=10$，10 小于 2^7-1，则直接将 10 编码在后 7bit 中，即 0001010，如图 4-13 所示。

图 4-13　10 的数字表示法示意图

若 $I=130$，由于 130 大于 2^7-1，表明需要通过增加字节来表示值，首先将 2^7-1 即 127 编码在第 1 字节的后 7bit 中，即 1111111，然后由于 $130-(2^7-1)$ 等于 3，第 2 字节的后 7bit 能够直接表示，无须下一字节继续表示，则第 2 字节的标志位取 0，后 7bit 直接编码 3，即 0000011，故 130 的数字表示法示意图如图 4-14 所示。

	0	1	2	3	4	5	6	7	130用7bit前缀表示
	X	0	0	0	1	0	1	0	
	0	0	0	0	0	0	1	1	

图 4-14　130 的数字表示法示意图

若 I=1327，由于 1327 大于 2^7-1，表明需要通过增加字节来表示值，首先将 2^7-1 即 127 编码在第 1 字节中的后 7bit 中，即 1111111，而第 2 字节，由于 $1327-(2^7-1)$等于 1200 大于 2^7-1，说明还需要下一字节继续表示值，则第 2 字节标志位取 1，第 2 字节的后 7bit 表示 1200 对 128 取余即 48，编码为 0110000，再到第 3 字节，此时还需要表示 1200 对 128 取商即 9，由于 9 小于 128，表明无须下一字节继续表示值，则第 3 字节标志位取 0，后 7bit 直接编码 9，即 0001001，故 1327 的数字表示法示意图如图 4-15 所示。

	0	1	2	3	4	5	6	7	1327用7bit前缀表示
	X	0	0	0	1	0	1	0	
	1	0	1	1	0	0	0	0	
	0	0	0	0	1	0	0	1	

图 4-15　1327 的数字表示法示意图

字符串表示法用来表示具体字符串文本，主要用于编码那些不能完全使用索引值来代替的字符串，主要的编码格式如图 4-16 所示，将编码格式分成 3 部分。H 表示标志位，表示该字符串的数据部分是否为赫夫曼编码，取值为 1 表示为赫夫曼编码，取值为 0 则表示为原始字符串编码；String Length 表示字符串数据部分的长度，用于表示数据部分的字节数，具体值的编码规则为上述提及的"7+"表示法（即 7 位前缀表示法）；String Data 表示字符串的数据部分，为字节的整数倍，如果原始数据不是字节的整数倍，则需要填充字符串结束（EOS）符号。

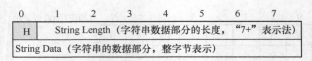

图 4-16　字符串表示法的编码格式

　　HTTP/2 头部主要由 name 和 value 两部分组成，根据这两部分是否需要更新动态表，HTTP/2 头部压缩的具体实现大致可被分为以下 7 种情况，下面通过介绍这 7 种情况来描述具体的 HTTP/2 头部压缩的实现细节。

　　① 纯索引型头部字段，即（name，value）组合对在索引地址空间内，在这种情况下，第一个字节（若有扩展字节）的第 1bit 固定为"1"，以标识该 header 为纯索引型头部字段；剩余 7bit 用"7+"表示法表示组合对的索引值，如图 4-17 所示，如果索引值较大，则还需要通过额外增加字节来表示，故需要注意在这种情况下不一定为 1 字节。比如，10000010，第 1bit 为"1"，则该 header 被识别为纯索引型头部字段，后 7bit 为 0000010，值为 2，在静态表中对应为 method:GET，故将该头部字段解压后得到完整的头部method:GET。

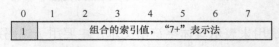

图 4-17　头部压缩实现情况 1

　　② name 在索引地址空间内，而 value 不在索引压缩空间内，并且需要更新动态表，即需要将此时的 value 作为新条目增加到动态表中，以备下次使用，如可以将 cookie 这类值添加到动态表中，在同一条流中不需要多次传输原本的 cookie 值，以避免占用较多的传输资源。在这种情况下，具体的头部压缩实现可被分成以下两部分。第 1 部分，第 1 字节的前 2bit 固定为"01"，用于标识该情况，后 6bit 用"6+"表示法表示

name 的索引值；第 2 部分，使用字符串表示法表示 value 的值，如图 4-18 所示。比如 01010000 10011100 [28 字节]，其中第 1 部分只有 1 字节，后 6bit 为 010000，值为 32，对应静态表可知 name 为 cookie；第 2 部分第 1 字节的第 1bit 的值为 1 表示 value 数据部分采用了赫夫曼编码，以及 0011100 表示后面需要 28 字节表示 value 的内容。当通信双方获取该头部及更新动态表后，后续通信将采用头部压缩实现情况 1 的方式进行。

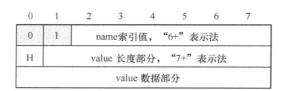

0	1	2	3	4	5	6	7
0	1	name索引值，"6+"表示法					
H	value 长度部分，"7+"表示法						
value 数据部分							

图 4-18　头部压缩实现情况 2

③ name 和 value 都不在索引地址空间内，并且需要更新动态表。这种情况下的具体头部压缩实现被分为 3 部分。第 1 部分，固定为 1 字节且为"01000000"，用于标识此情况；第 2 部分，使用字符串表示法表示 name 的值；第 3 部分，使用字符串表示法表示 value 的值，如图 4-19 所示。比如某一实例为 01000000 10000101 [5 字节]10000110 [6 字节]，其中：第 1 部分固定为 01000000；第 2 部分，第 1 字节的第 1bit 的值为 1 表示采用了赫夫曼编码，以及后 7bit 为 0000101，表示后面需要 5 字节表示 name 的内容，以及后面需要 5 字节表示 name 的具体内容；第 3 部分，第 1 字节的第 1bit 的值为 1 表示采用了赫夫曼编码，以及后 7bit 为 0000110，表示后面需要 6 字节表示 value 的内容，以及后面需要 6 字节表示 value 的具体内容。当通信双方获取该头部及更新动态表后，后续通信就将采用头部压缩实现情况 1 的方式进行。

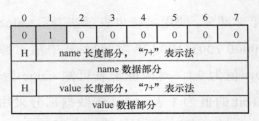

图 4-19　头部压缩实现情况 3

④ name 在索引地址空间内，而 value 不在索引地址空间内，但在本情况下不更新动态表，即此次通信不将 value 更新到动态表中，后续若有需要可以再更新。这种情况的具体实现与头部压缩实现情况 2 类似，也被分成两部分。第 1 部分，第 1 字节的前 4bit 固定为 "0000"，用于标识该情况，后 4bit 用 "4+" 数字表示法表示 name 的索引值；第 2 部分，使用字符串表示法表示 value 的值，如图 4-20 所示。

0	1	2	3	4	5	6	7
0	0	0	0	name索引值，"4+"表示法			
H	value 长度部分，"7+"表示法						
value 数据部分							

图 4-20　头部压缩实现情况 4

⑤ name 和 value 都不在索引地址空间内，并且在本情况下不需要更新动态表。这种情况下的具体实现与头部压缩实现情况 3 类似，也被分为 3 部分。第 1 部分，固定为 1 字节且为 "00000000"，用于标识此情况；第 2 部分，使用字符串表示法表示 name 的值；第 3 部分，使用字符串表示法表示 value 的值，如图 4-21 所示。

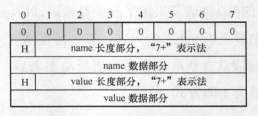

图 4-21　头部压缩实现情况 5

⑥ name 在索引地址空间内，而 value 不在索引地址空间，并且永远不更新动态表，即无论何时的通信都不能将 value 更新到动态表中，主要用于保护隐私，提高安全性，如用来认证的 cookie。这种情况的具体实现与头部压缩实现情况 4 基本相同，也分成两部分。第 1 部分，第 1 字节的前 4bit 固定为"0001"，用于标识该情况，后 4bit 用"4+"数字表示法表示 name 的索引值；第 2 部分，使用字符串表示法表示 value 的值，如图 4-22 所示。

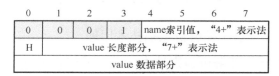

图 4-22 头部压缩实现情况 6

⑦ name 和 value 都不在索引地址空间内，并且永远不更新动态表，和头部压缩实现情况 6 的作用一致，用于保护隐私，以提高安全性。这种情况下的具体实现与头部压缩实现情况 5 基本相同，也被分为 3 部分。第 1 部分，固定为一字节且为"00010000"，用于标识此情况；第 2 部分，使用字符串表示法表示 name 的值；第 3 部分，使用字符串表示法表示 value 的值，如图 4-23 所示。

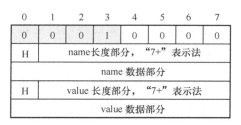

图 4-23 头部压缩实现情况 7

除了上述 7 种头部压缩的具体实现情况外，还有一种 HTTP/2 头部压缩实现方式，该方式主要用于更新动态表的大小。如图 4-24 所示，前 3bit 固定为"001"，用于标识该情况，后续用"5+"表示法表示需要更新的动态表的最大空间值。其中，可设定最大值比原先值小，但此时有可能出现空间缩小导致动态表的一些条目被删除的情况，一般不用此方式缩小空间，常用于扩大空间。

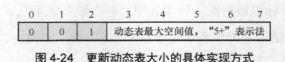

图 4-24　更新动态表大小的具体实现方式

（2）HTTP/2 头部解压缩解析识别技术原理

HTTP/2 头部解压缩解析识别技术最主要的就是逆向解码静态表和动态表，当成功地获取到静态表和动态表之后，即可根据表中规则将压缩的头部完全解码出来，从而实现对压缩头部的解析识别。

HTTP/2 头部解压缩解析识别技术主要实现流程如图 4-25 所示。此外，因为客户端和服务端维护的编码和解码动态表是完全独立的，因此每个 HTTP/2 链接还需要维护上下行两个动态表作为解码上下文，即请求和响应动态表是分开的。

由图 4-25 可以看出，HTTP/2 头部解压缩解析识别技术实现流程主要有以下几个过程。

① 判断是否之前已经解码过会话，如已解码过会话，则不需要新建会话；若未解码过会话，则以流为单位新建会话。

② 判断数据包方向，因为一条流的上下行维护的动态表有可能不一致。

③ 通过判断首字节的前几个 bit 是否为 1 来确定 HTTP/2 头部压缩采用哪种实现方式，再确定 name 和 value 的位置。

④ 逐步地解码 name 和 value 的具体内容，即可得到解压缩后的 HTTP/2 头部。

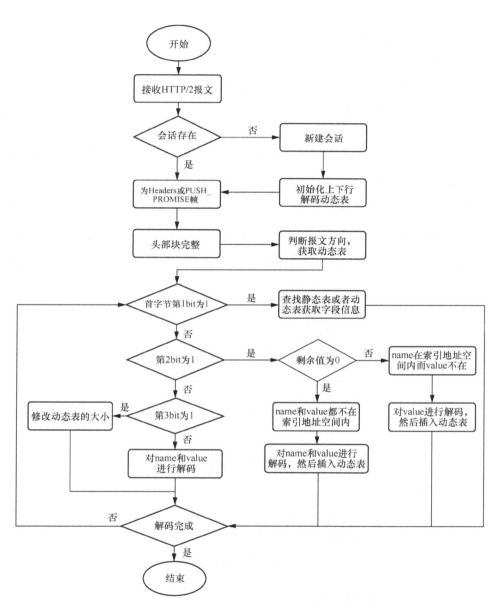

图 4-25　HTTP/2 头部解压缩解析识别技术实现流程

（3）影响因素分析

影响 HTTP/2 头部解压缩成功率的主要因素包括报文乱序、报文丢失、报文方向判断错误、HTTP/2 动态表更新错误、赫夫曼解码错误、动态表大小未更新等。

4.1.3　PFCP 流量识别

PFCP 协议栈示意图如图 4-26 所示，PFCP 流量主要存在于 5G 控制面网元和用户面网元之间的交互，即 SMF 和 UPF 之间的 N4 接口中[7]。PFCP 数据包是基于"IP+UDP"，因此只需要检测"IP 地址+UDP 端口号"即可分辨出该接口；随后按照 PFCP 规定的协议格式，对 PFCP 流量进行识别，获取接口的流程、响应状态等信息。故 PFCP 流量识别流程如图 4-27 所示。

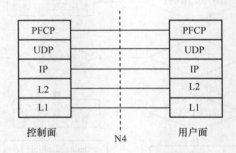

图 4-26　PFCP 协议栈示意图

图 4-27　PFCP 流量识别流程

PFCP 流量识别流程具体如下。

① PFCP 解析：根据 PFCP 的协议规范对报文进行解析，提取 PFCP 关联、PFCP 会话等相关信息。

② N4 接口信息提取：根据上述步骤提取出 N4 接口最终所需要的信息，

形成如话单类型的最终记录结果。

③ N4 接口信令流量回溯：在提取相关信息的过程中，对 N4 接口信令的流量进行保存，支持远程查询并以 Pcap 包的形式输出，用于后期故障排查和问题定位等。

4.2　用户面解析识别

4.2.1　GTP 流量识别

GTP 协议栈示意图如图 4-28 所示，GTP 流量主要存在 5G 控制面网元和 4G 控制面网元之间的交互，即 SMF 和 MME 之间的 N26 接口中，使用 GTP-C 协议；GTP 流量还存在于 5G 用户面网元间的交互，即 N3、N9 接口中，使用 GTP-U 协议。用户面流量主要在 5G 网络的 N3、N9、N6 接口传输，从应用层的角度来看，N3 接口流量已基本包含了 N9、N6 接口的流量，同时 UE 用户访问互联网的流量均需要走 N3 接口，因此为了获取用户面流量，如果已经采集了 N3 接口流量，则不需要重复采集 N9、N6 接口的流量。N3 接口协议栈示意图如图 4-29 所示。

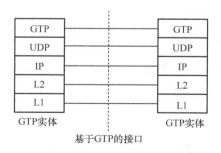

图 4-28　GTP 协议栈示意图

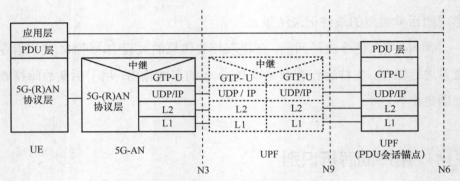

图 4-29 N3 接口协议栈示意图

GTP 报文均基于 "IP+UDP"，因此只需要检测 "IP 地址+UDP 端口号" 即可识别出该接口；随后按照 GTP 规定的协议格式，对 GTP 流量进行识别，获取接口的流程、响应状态等信息。故 GTP 流量识别流程如图 4-30 所示。

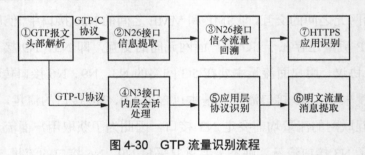

图 4-30 GTP 流量识别流程

GTP 流量识别流程具体如下。

① GTP 报文头部解析：根据 GTP 的协议规范对 GTP 报文头部进行解析，根据 GTP 报文头部 MessageType 字段区分 GTP-C 协议和 GTP-U 协议两种流量并对 GTP 报文头部进行解封装，同时提取隧道端点标识符（TEID）和外层 IP 地址等信息，用于关联合成。

② N26 接口信息提取：对 GTP-C 协议流量的载荷进行解析，提取 N26 接口最终所需要的信息，形成如话单类型的最终记录结果。

③ N26 接口信令流量回溯：在提取相关信息的过程中，对 N26 接口信令

的流量进行保存，支持远程查询并以 Pcap 包的形式输出，用于后期故障排查
和问题定位等。

④ N3 接口内层会话处理：对 GTP-U 协议流量进行解封装后得到 N3 接
口中用户访问互联网的 IP 包及语音通话的报文，此时对 N3 接口内层的报文
进行会话处理，如 IP 分片重组、TCP 乱序重组、新建流会话等。

⑤ 应用层协议识别：按流对应用层协议进行识别，将流量分成明文流
量（即不加密的流量）和加密流量（如 HTTPS 流量）。

⑥ 明文流量消息提取：将步骤⑤区分出来的明文流量直接按每种应用
层协议提取消息、识别应用，如 HTTP、DNS、FTP 等，形成如话单类型的
最终记录结果。

⑦ 加密应用识别：由于 HTTPS 通信密钥不可获取，无法获取明文消息，
但可以通过一些识别方法来识别 HTTPS 流量的应用类型。

下面重点介绍 HTTPS 加密流量应用识别技术。

近年来，随着 5G、物联网和工业互联网的飞速发展，新型网络应用不断
涌现。互联网上的各类网络应用在为用户提供便捷服务的同时，也为网络带
来了安全隐患，如在网络上传输的用户信息存在被非法监听、劫持、窃取和
修改的风险。安全套接层（SSL）/传输层安全协议（TLS）在保证网络安全
的大背景下应运而生，SSL/TLS 通过加密技术在客户端和服务器之间建立安
全通道，被广泛应用于网上支付、社交等重要网络服务。

当前互联网上，SSL/TLS 加密网络应用越来越多，且越来越复杂，传统的
基于端口号和基于载荷的方法无法对 SSL/TLS 加密网络应用实现有效的精
细化分类。SSL/TLS 在保护网络安全的同时，也隐藏着异常流量，异常流量
可以轻松躲过传统 DPI 系统及一些安全系统的检测。为了在保障网络安全的
同时提供更高质量的网络服务，需要对网络上的各类 SSL/TLS 加密网络应用
进行有效的解析识别并加以监管，下面将介绍 7 种 HTTPS 加密流量应用识

别技术的利用方法。

（1）SSL/TLS SNI 特征识别

在客户端正式访问加密应用前，其中的 SSL/TLS 握手过程的报文是不加密的明文，握手过程中的 Client Hello 消息有一个可选字段为服务器名称指示（SNI），它能够体现服务器名称的信息，能够用于特征识别，将 SSL/TLS 流量识别为具体应用[7-9]，如百度等，如图 4-31 所示。

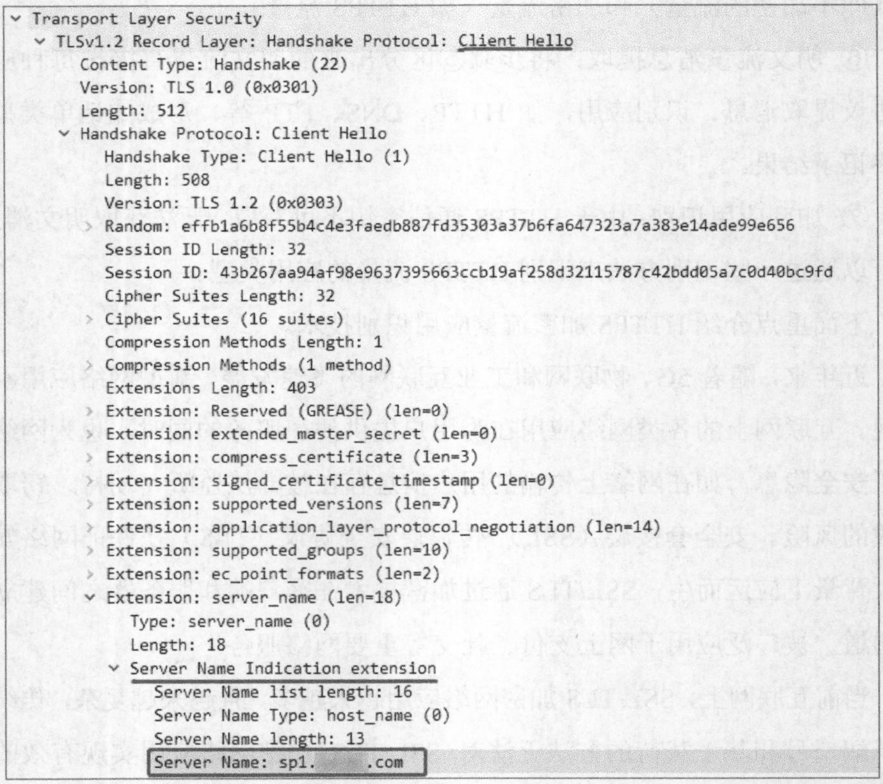

```
∨ Transport Layer Security
  ∨ TLSv1.2 Record Layer: Handshake Protocol: Client Hello
      Content Type: Handshake (22)
      Version: TLS 1.0 (0x0301)
      Length: 512
    ∨ Handshake Protocol: Client Hello
        Handshake Type: Client Hello (1)
        Length: 508
        Version: TLS 1.2 (0x0303)
      > Random: effb1a6b8f55b4c4e3faedb887fd35303a37b6fa647323a7a383e14ade99e656
        Session ID Length: 32
        Session ID: 43b267aa94af98e9637395663ccb19af258d32115787c42bdd05a7c0d40bc9fd
        Cipher Suites Length: 32
      > Cipher Suites (16 suites)
        Compression Methods Length: 1
      > Compression Methods (1 method)
        Extensions Length: 403
      > Extension: Reserved (GREASE) (len=0)
      > Extension: extended_master_secret (len=0)
      > Extension: compress_certificate (len=3)
      > Extension: signed_certificate_timestamp (len=0)
      > Extension: supported_versions (len=7)
      > Extension: application_layer_protocol_negotiation (len=14)
      > Extension: supported_groups (len=10)
      > Extension: ec_point_formats (len=2)
      ∨ Extension: server_name (len=18)
          Type: server_name (0)
          Length: 18
        ∨ Server Name Indication extension
            Server Name list length: 16
            Server Name Type: host_name (0)
            Server Name length: 13
            Server Name: sp1.      .com
```

图 4-31　SNI 特征示意图

由于 SNI 在 SSL/TLS 里是可选的，当 SSL/TLS 流量没有这个字段时，利用此方法识别加密流量将失效。另外，根据 TLS 1.3 的相关扩展协议，SNI

也可以进行加密，形成加密 SNI（ESNI），这个时候无法识别出 SSL/TLS 流量为哪个具体应用，此方法也将失效。

（2）SSL/TLS commonName 特征识别

在 SSL/TLS 的 Certificate 消息中有一个可选字段 id-at-commonName，它体现了 SSL/TLS 证书中的一些信息，能够用于特征识别，可将 SSL/TLS 流量识别为具体应用，如 163 应用等，如图 4-32 所示。

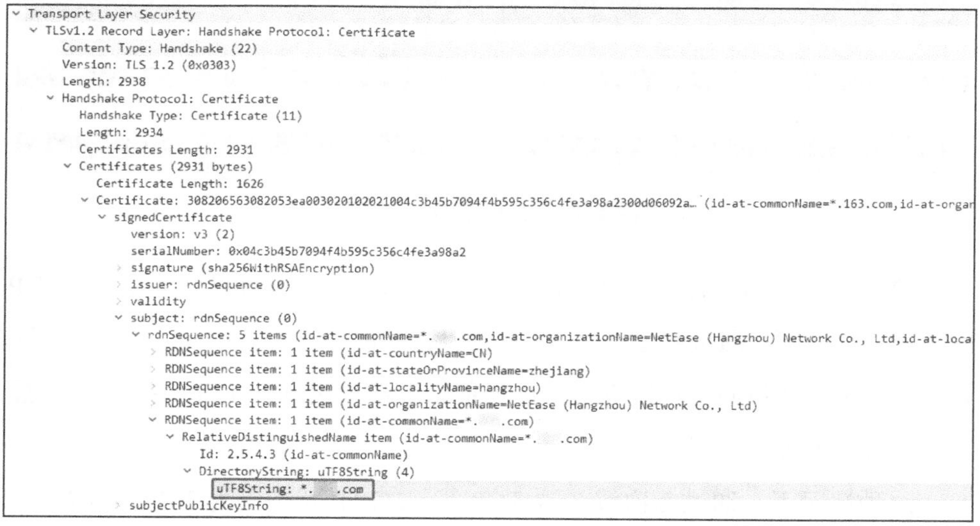

图 4-32　id-at-commonName 特征示意图

id-at-commonName 字段也是可选的，当 SSL/TLS 没有证书交互时，此方法不可行。这个字段一般只能细化为组织名，当一个组织下面有多个软件时，它们一般都会共用相同的 id-at-commonName。比如网易新闻和网易云游戏平台这 2 个软件，共用图 4-32 中方框处这个证书名。而且不同的业务场景，如文字聊天和图片传输，一般也会使用同一个证书名。所以根据 id-at-commonName 来识别 SSL/TLS 流量，也有一定的局限性，部分业务场景无法实现精细化识别。

（3）重定向关联识别

当用户通过导航网站或手工输入 HTTP 链接后，服务端会发起重定向动作，如图 4-33 所示。

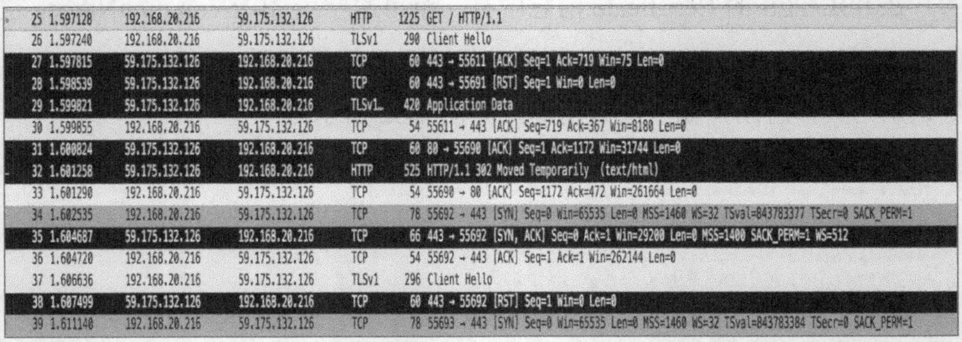

25 1.597128	192.168.20.216	59.175.132.126	HTTP	1225 GET / HTTP/1.1
26 1.597240	192.168.20.216	59.175.132.126	TLSv1	290 Client Hello
27 1.597815	59.175.132.126	192.168.20.216	TCP	60 443 → 55611 [ACK] Seq=1 Ack=719 Win=75 Len=0
28 1.598539	59.175.132.126	192.168.20.216	TCP	60 443 → 55691 [RST] Seq=1 Win=0 Len=0
29 1.599821	59.175.132.126	192.168.20.216	TLSv1…	420 Application Data
30 1.599855	192.168.20.216	59.175.132.126	TCP	54 55611 → 443 [ACK] Seq=719 Ack=367 Win=8180 Len=0
31 1.600824	192.168.20.216	59.175.132.126	TCP	60 80 → 55690 [ACK] Seq=1 Ack=1172 Win=31744 Len=0
32 1.601258	59.175.132.126	192.168.20.216	HTTP	525 HTTP/1.1 302 Moved Temporarily (text/html)
33 1.601290	192.168.20.216	59.175.132.126	TCP	54 55690 → 80 [ACK] Seq=1172 Ack=472 Win=261664 Len=0
34 1.602535	192.168.20.216	59.175.132.126	TCP	78 55692 → 443 [SYN] Seq=0 Win=65535 Len=0 MSS=1460 WS=32 TSval=843783377 TSecr=0 SACK_PERM=1
35 1.604687	59.175.132.126	192.168.20.216	TCP	66 443 → 55692 [SYN, ACK] Seq=0 Ack=1 Win=29200 Len=0 MSS=1400 SACK_PERM=1 WS=512
36 1.604720	192.168.20.216	59.175.132.126	TCP	54 55692 → 443 [ACK] Seq=1 Ack=1 Win=262144 Len=0
37 1.606636	192.168.20.216	59.175.132.126	TLSv1	296 Client Hello
38 1.607409	59.175.132.126	192.168.20.216	TCP	60 443 → 55692 [RST] Seq=1 Win=0 Len=0
39 1.611140	192.168.20.216	59.175.132.126	TCP	78 55693 → 443 [SYN] Seq=0 Win=65535 Len=0 MSS=1460 WS=32 TSval=843783384 TSecr=0 SACK_PERM=1

图 4-33　重定向流程示意图

第一次访问为 HTTP 明文访问，此为第一条流，此时可以获取所有 HTTP 的上行访问信息。服务端返回重定向报文后，用户根据 location，发起第二次访问，与第一次访问的内容其实是一样的，后续再次进行 TCP 握手、TLS 握手、HTTP 访问。

这种情况下，通过 2 次或 3 次 TCP 流（HTTP 状态码为 301 或 302）的关联，可以获取到本次用户访问的所有上行信息，如 URL、Host、UA、cookie 等信息。此方法只能用于话单分析，无法基于 URL 信息进行管控。

（4）DNS 关联识别

数据流量经过加密后，对外显示的都是密文，明文不可见。但是服务器 IP 地址一般都是由 DNS 协议查询得到的。此时就能够通过解析 DNS 请求和响应，将请求的域名和响应的 IP 地址关联起来进行识别。

（5）用户关联识别

当加密流量的 IP 地址并不是经过 DNS 协议查询得到的时，DNS 关联识别方案就不适用了。此时可以采用用户关联识别方案来识别，即事先通过模拟用户行为，分析产生流量的时间、协议名称、协议出现的顺序等维度的关系，建立一套用户行为模型。当现网流量符合这套用户行为时，可以将加密流量关联识别出来。例如在分析 Apple iMessage 后发现，它采用 Amazon S3 来存储消息和照片，当用户发送 iMessage 消息或照片时，首先会和 iMessage 交互，接着在 500ms 之内会和 Amazon S3 交互。此时就可以进行用户行为建模，将 Amazon S3 的流量关联识别为 iMessage，如图 4-34 所示。

图 4-34　用户关联识别示意图

在图 4-34 中，流①和流②都是 SSL 流量，源端口号值相差 1，时间间隔在 500ms 以内。流①能够通过 SSL 证书识别为 iMessage，流②只能通过 SSL 证书识别为 Amazon S3 云服务，无法识别为具体应用。此时可以建立用户行为模型，将流②关联识别为 iMessage。

（6）行为特征识别

该方法基于数传业务特征模式匹配技术实现流量的识别、分类，从而间接采集加密应用的关键质量指标（KQI），衡量用户在使用加密业务时的用户感知体验。

行为特征识别主要利用数传业务特征模式匹配技术分类提取已有流量特征[10-12]，然后根据该特征进行业务识别和 KQI 的间接采集衡量。以识别消息类业务为例，如图 4-35 所示。

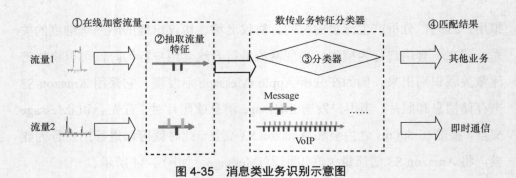

图 4-35　消息类业务识别示意图

根据在线加密流量和已有特征抽取算法抽取流量特征，如图 4-35 中的①和②所示；将抽取的流量特征在分类器中进行匹配，如图 4-35 中的③所示；匹配输出对应业务类型，如图 4-35 中的④所示，流量 2 匹配为即时通信消息。

（7）TLS 代理

通过 HTTPS 监视器进行 HTTPS 的流量监控，代理服务端将 CA 证书发送到客户端进行验证，在客户端忽略警告的情况下，HTTPS 监视器可以持续进行 HTTPS 的流量监控[13]。

此时 HTTPS 监视器接管了双方的密钥交换，从而能够解析出 HTTPS 明文信息。原理如图 4-36 所示，此方法可以解析识别 HTTPS 内容，并可基于 URL 信息进行流量监控，但是计算开销较大，同时需要将 HTTPS 监视器设备串接于网络中。目前已有硬件加速方案用于提升设备处理性能。

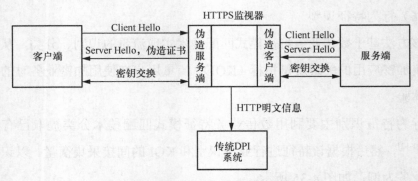

图 4-36　TLS 代理原理示意图

4.2.2　语音业务协议识别

5G 的 VoIP，主要通过 5G 网络承载来传输语音业务，如 VoLTE 流量和 VonR 流量。在 5G NSA 组网下，由于锚定的是 LTE 网络，故语音业务只能使用 VoLTE；在 5G SA 组网下，若 5G 基站未升级支持 VonR，则通过 EPS Fallback 的方式使用 VoLTE；若 5G 基站已升级支持 VonR，则可以通过 5G 接入 IMS，使用 VonR。由此可以看出，通过 VoLTE 实现语音业务将会在未来长期存在。下面通过介绍 VoLTE 的识别技术来描述 5G 网络下 VoIP 流量的识别技术。

VoTLE 主要有两种类型的流量，一类是使用 SIP 的控制面流量，另一类是使用 RTP/RTCP 的媒体面流量[14]，SIP、RTP/RTCP 的协议栈分别如图 4-37 和图 4-38 所示。

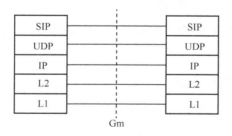

图 4-37　SIP 协议栈

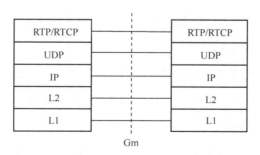

图 4-38　RTP/RTCP 协议栈

由图4-37和图4-38可知SIP数据包、RTP/RTCP数据包均基于"IP+UDP"，因此只需要检测"IP 地址+UDP 端口号"即可分辨出该接口。例如，SIP 流量通常使用端口号 5060 进行 UDP 传输，同时在 SIP 会话的建立过程中会协商媒体面流量传输所使用的端口号；随后按照 SIP、RTP/RTCP 规定的协议格式，对 VoLTE 流量进行识别，获取接口的流程、响应状态等信息。因此 VoLTE 流量识别流程如图 4-39 所示。

图 4-39　VoLTE 流量识别流程

① UDP 报文处理：根据端口号可区分出 SIP 及 RTP/RTCP。

② 互联网络层安全协议（IPSec）解密：对获取到的流量进行解密，还原成明文流量，以供下一步解析。

③ SIP、RTP/RTCP 解析：根据 SIP、RTP/RTCP 对流量进行解析，提取报文的各个流程信息。

④ VoLTE 流量信息提取：根据上述步骤提取出 VoLTE 最终所需要的信息，形成如话单类型的最终记录结果。

⑤ VoLTE 流量回溯：在提取相关信息的过程中，对 VoLTE 流量进行回溯，形成如 Pcap 包形式的结果，用于后期检查、问题定位等。

下面重点介绍 VoLTE 流量的 IPSec 解密技术原理。

（1）VoLTE 加密原理

VoLTE 语音业务基于 4G 核心网络 LTE 承载，由 IMS 向用户提供语音通话、视频通话等业务[15]。当 UE 用户向 LTE 网络发起附着流程时，会在 LTE 网络建立起 QoS 等级标识符（QCI）承载，对应于 5G QoS 标识符（5QI），用于传输语音数据、视频数据、IMS 信令等；随后，会向 IMS 网络发起注册流程，双方进行鉴权，同时协商建立安全的接入通道，如图 4-40 所示。

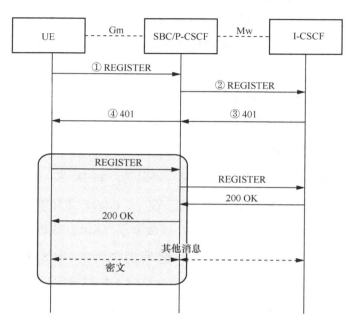

图 4-40　VoLTE 流量加密原理示意图

VoLTE 流量加密过程如下。

① UE 通过 LTE 网络承载（具体通过 eNB-SGW-PGW，对应 5G 网络中的 gNB-UPF）首次向 IMS 网络的 SBC/P-CSCF 网元发起注册（REGISTER）申请，IMS 网络对用户 UE 进行鉴权；呼叫会话控制功能（CSCF）是 IMS 网络的内部功能实体，根据功能 CSCF 被分为代理 CSCF（P-CSCF）、问询 CSCF（I-CSCF）、服务 CSCF（S-CSCF）、紧急 CSCF（E-CSCF），负责的功能不同，但均用于处理 SIP 信令；SBC 是在 IMS 网络中用于实现 IP 接入、与核心网互联互通及安全保护的网元，在目前的 IMS 网络部署中，通常与 P-CSCF 合设。

② SBC/P-CSCF 网元在接收到用户的 REGISTER 消息后，转发给 I-CSCF，I-CSCF 与 HSS（对应 5G 的 UDM）交互，对用户 UE 进行鉴权，

采用 AKA 机制（与 5G 的初始化注册中的鉴权类似），HSS 产生一个 AV（RAND，XRES，AUTN，CK，IK）回复给 I-CSCF，其中，RAND 为随机数，XRES 为期望认证应答，AUTN 为鉴别令牌，CK 为加密密钥，IK 为完整性密钥。

③ I-CSCF 在接收到 AV 后去掉 XRES，将剩余四元组的 AV 通过 401 应答消息发送给 SBC/P-CSCF，其中 401 应答消息还会包含 nonce 消息，由 RAND 和 AUTN 参数计算出来。

④ SBC/P-CSCF 在接收到 401 应答消息后，将 IK 和 CK 保存下来并从 AV 中去掉两个密钥，将剩余的二元组 AV 及 nonce 消息发送给 UE，同时 SBC/P-CSCF 选择加密算法类型及安全参数索引（SPI）参数。随后 UE 对接收到的 AV 信息进行网络认证，并携带接收到的 RES 等参数再次向 SBC/P-CSCF 发送 REGISTER 消息，由网络对 UE 进行用户身份最终认证。此时，UE 将会使用 IK 和 CK 对第二次发送的 REGISTER 消息及后续的所有消息进行加密。

对 VoLTE 流量加密使用 IPSec 中的封装安全负载（ESP）进行数据封装，如图 4-41 所示。

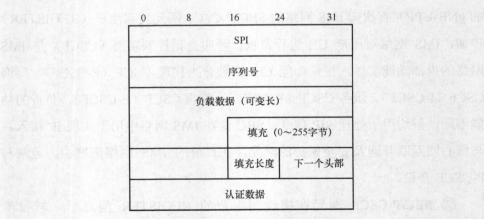

图 4-41　ESP 数据封装格式

ESP 数据封装主要由 7 个部分组成：

① SPI，明文字段，32bit，用于标识数据的安全关联；

② 序列号，明文字段，32bit，用于抵抗重放攻击，如果新接收到数据包的序列号已经接收过，则会拒绝接收这个新数据包；

③ 负载数据，加密字段，长度变长，为需要传输的数据内容；

④ 填充，加密字段，范围为 0～255 字节，用于扩充报文的长度，同时隐藏负载数据部分的实际长度；

⑤ 填充长度，加密字段，8bit，用于标识填充字段的长度；

⑥ 下一个头部，加密字段，8bit，用于标识下一个数据包的类型；

⑦ 认证数据，明文字段，32bit 的整数倍，用于对整个 ESP 数据包进行完整性检查。

（2）VoLTE 解密原理及流程

根据上述 VoLTE 的加密原理，可有针对性地采取相应措施对加密的 VoLTE 流量进行解密，主要分成以下两个部分，即加密参数获取和解密流程。

① 加密参数获取

根据图 4-40 中的 VoLTE 流量加密原理，只有用户 UE 第一次发起注册申请时是明文，用于 UE 和 P-CSCF 协商加密算法及相关参数，而后续的所有流程均加密。因此，需要从第一次发送的 REGISTER 消息及 401 应答消息中提取解密需要的相关参数，包括 IK、CK、nonce、SPI、算法类型参数等。

获得 IK、CK 及 nonce 参数可以通过采集 SBC/P-CSCF 与 I-CSCF 通信的 Mw 接口中的 401 应答消息提取，如图 4-42 所示；对于 SPI 及算法类型参数，则需要采集 UE 与 SBC/P-CSCF 通信的 Gm 接口数据并从中提取 REGISTER 消息，如图 4-43 所示。

```
▲ WWW-Authenticate: Digest realm="ims.mnc001.mcc460.3gppnetwork.org",nonce="uD++
    Authentication Scheme: Digest
    Realm: "ims.mnc001.mcc460.3gppnetwork.org"
    Nonce Value: "uD++CLpT/2aFET6J1YUIndQfy8yaDwAAXv7zcnm4i2xiNTY4MDgwMA=="
    Algorithm: AKAv1-MD5,ik="231CCE3D81E2B3B3279DDA78A68F5EF9"
    Cyphering Key: "EF91C269FE83EDCF638F8A1816850C9B"
    QOP: "auth"
```

图 4-42　以 Mw 接口中的 401 应答消息为例

```
Security-Server: ipsec-3gpp; q=0.1; alg=hmac
    [Security-mechanism]: ipsec-3gpp
    q=0.1
    alg: hmac-md5-96
    ealg: des-ede3-cbc
    spi-c: 1098501 (0x0010c305)
    spi-s: 1098500 (0x0010c304)
    port-c: 32774
    port-s: 20080
```

图 4-43　以 Gm 接口中的 401 应答消息为例

② 解密流程

当获取到 CK、nonce、SPI、ealg 等之后，即可对加密的 VoLTE 流量进行解密。

首先，通过 nonce 确立 CK-SPI 对应关系。由于 CK 只在 Mw 接口中传输，SPI 只在 Gm 接口中传输，在大流量、多用户的情况下，需要确立 CK-SPI 对应关系才能正确地使用对应的 CK 对每个用户的流量进行解密，其中 nonce 参数均会在上述两个接口中传输，因此可以对每个用户建立起 CK-nonce-SPI 对应关系。将 SPI 分为 SPI-C 和 SPI-S，SPI-C 主要是自服务端向客户端方向（即 SBC→UE）发送加密流量所使用的 SPI 参数，SPI-S 则方向相反。

然后，根据加密算法类型 ealg 确认解密算法。目前在 VoLTE 场景下常用的流量加密算法有 DES-EDE3-CBC、AES-CBC 及 NULL（即不加密），以图 4-43 为例，此时的流量加密算法为 DES-EDE3-CBC，是一种分组对称加密算法，其中 DES-EDE3，也被称为 3DES，是一种对称加密算法，CBC 是一种分组加密模式，在加密过程中按固定格式对数据进行分组再加密，DES-EDE3-CBC 的解密流程如图 4-44 所示。

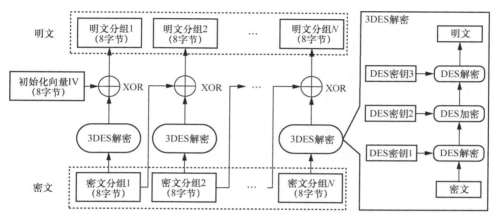

图 4-44　DES 解密流程示意图

由图 4-44 可以看到，在解密过程中，需要对密文进行分组，将每个密文分组的长度固定为 8 字节，密文分组长度固定主要是由于 3DES 解密要求密文长度为 8 字节，每个密文分组解密之后需要和前一个密文分组进行 XOR 运算，才能得到该密文分组的明文分组，最后将所有明文分组组合起来即可得到完整明文。

在 VoLTE 场景下，在 3DES 解密过程中使用的密钥为双倍长密钥，即密钥 1 与密钥 3 相同，密钥 1、密钥 2、密钥 3 长度固定为 8 字节，以图 4-44 为例，协商的 CK 为 EF91C269FE83EDCF638F8A1816850C9B，16 字节，在 3DES 解密过程中，密钥 1 和密钥 3 取 CK 的左半边，密钥 2 取 CK 的右半边，即密钥 1=密钥 3=EF91C269FE83EDCF，密钥 2=638F8A1816850C9B。

最后，按照 DES-EDE3-CBC 解密过程及获取到的各种参数，对密文进行解密，再将解密得到的各种明文组合起来形成完整明文。

5G 流量关联合成技术

在对 5G 流量各个接口的解析中，不同接口的不同流程所携带的信息均不全面，最终形成的各个接口的话单记录不完整，如缺少用户标识信息、位置信息等。因此，需要从其他流程或者其他接口中获取某些缺失信息并进行关联回填后最终形成完整话单记录。

5G 流量的关联合成从接口角度可被分为信令面接口内关联、信令面接口间关联及信令面接口与用户面接口关联。信令面接口内关联主要是指对信令面同一接口内的信令进行关联，从而补全相关信息；信令面接口间关联主要是指对信令面不同接口的信息进行关联，从而补全相关信息；信令面接口与用户面接口关联，主要是指将信令面接口和用户面接口的信息相关联来补全相关信息，如用户面的 N3 接口没有用户标识信息、上网位置信息等信息，需要从 N2/N11 等信令面接口获取相应的信息进行回填，才能形成完整的用户上网信息。

4.3.1　信令面接口内关联

信令面接口内关联主要包括以下两种情况。一种情况是关联同一信令面接口内各个流程获取相关信息来补全话单记录，另一种情况是关联同一信令面接口内同一流程的请求和应答形成完整流程。

对于同一接口不同流程的情况，可以通过 SUPI 等用户标识及网元分配的标识进行关联，将某一用户的所有流量区分出来，补全某些流程缺失的用户信息。在 5G SA 网络中，一般通过 SUPI 或 GPSI 来区分不同用户，这些信息存在于 N8/N12 等接口信令中；在一些场景下，也可以通过网元分配给用户的特定标识（如 N1/N2 接口中的 NGAP ID）来区分用户。

　　对于同一接口内同一流程的情况，由于信令采用请求和应答组合的通信模式，在其消息中会携带用于标识消息类型的字段，可以通过该消息类型标识及用户标识等对同一流程的不同消息进行关联，形成完整流程。如在 N1/N2 接口的初始化注册流程中，通过 NGAP ID 和消息类型标识对同一流程的所有消息进行关联，补全流程中某个方向上消息所缺失的用户标识等信息。

　　以 N1/N2 接口为例，在 N1 接口的 UE 初始化注册过程中，UE 会向 (R)AN 发送自己的 SUPI/SUCI 以接入 5G 网络，在成功接入 5G 网络后，AMF 会为 UE 生成 5G 全球唯一临时标识符（GUTI），并留存 5G GUTI 到 SUPI 的映射，后续 UE 将使用 GUTI 而不再使用 SUPI/SUCI 进行其他流程通信；与此同时，在 (R)AN 与 AMF 的通信过程的 N2 接口中会为该 UE 分配 NGAP ID，其中 (R)AN 侧的为 (R)AN UE NGAP ID，AMF 侧的为 AMF UE NGAP ID，用于标识该 UE 用户。对于后续的 N1/N2 接口流程，可以关联该用户的 SUPI/SUCI、GUTI 及 NGAP ID，进行信息补全，实现信令面接口内关联。

4.3.2　信令面接口间关联

　　信令接口间关联是由于不同接口所携带的用户信息不同，需要通过不同接口的相同信息进行关联，将其他的用户信息关联补全到其他接口的信息中。

　　5G 接口含有的主要用户信息见表 4-5。

表 4-5　5G 接口含有的主要用户信息

接口	内容	主要用户信息
N1/N2	AMF	SUPI/SUCI、TAC、CELLID、DNN、NSSAI、N3 UPFADDR、

续表

接口	内容	主要用户信息
N1/N2	AMF	N3 UPFTEID、N3 AN ADDR、N3 AN TEID
N3	用户上网信息	N3 UPFADDR、N3 UPFTEID、N3 AN ADDR、N3 AN TEID
N4	会话控制转发	SUPI/SUCI、GPSI、PEI、N3 UPFADDR、N3 UPFTEID、N3 AN ADDR、N3 AN TEID
N7	会话策略	SUPI/SUCI、GPSI、PEI、TAC、CELLID、DNN
N8	用户签约信息	SUPI/SUCI、GPSI、PEI、DNN
N11	会话管理	SUPI/SUCI、GPSI、PEI、TAC、CELLID、DNN、NSSAI、N3 UPFADDR、N3 UPFTEID、N3 AN ADDR、N3 AN TEID
N12	用户鉴权管理	SUPI、SUCI
N14	AMF 间交互信令	SUPI、GPSI、PEI、TAC、CELLID、DNN
N22	NS 管理	NSSAI

以 UE 用户的初始化注册过程为例，其中涉及 N1/N2、N12 等接口。当 UE 向 AMF 发送注册信息时，注册信息会携带 SUCI 以标识 UE 身份，故可以从 N1/N2 接口获取到 SUCI 信息；AMF 在接收到注册信息后，发起 UE 初始化鉴权流程，携带 SUCI 并通过 N12 接口发送鉴权信息到 AUSF 及 UDM，鉴权成功后，AUSF 将会携带 UDM 解密得到的 SUPI 及相关信息回复用户身份鉴权结果给 AMF，故可以在 N12 接口中获取 SUPI 与 SUCI 之间的对应关系，再关联到 N1/N2 接口使其获取到 SUPI。

通过解析不同信令面接口的信息并进行关联，形成诸如 SUCI-SUPI-GPSI-PEI-IP-TEID 的映射关系，如图 4-45 所示，便可以实现在后续各种接口的不同流程信息中存在不同程度的缺失的情况下关联该映射关系获取所需信息。

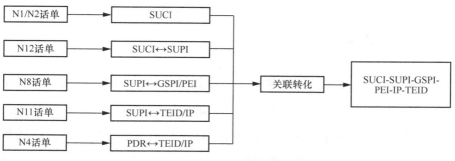

图 4-45　信令面接口间关联的映射关系

4.3.3　信令面接口与用户面接口关联

信令面接口与用户面接口关联,是指用户面流量如 N3 接口流量不含有用户相关信息,导致从解析出来的 N3 接口信息中无法得知不同业务流程分别是哪个用户产生的,而信令面接口流量含有用户相关信息,故需要将信令面接口流量含有的用户相关信息关联回填到用户面信息中,形成完整的用户面信息记录。

在用户面信息中,虽然没有用户相关信息,但是为了区分不同用户产生的不同业务流程,通过 GTP 隧道中的 TEID 区分用户产生的不同业务流程;此外,在信令面接口之间已经形成了 SUCI-SUPI-GPSI-PEI-IP-TEID 等映射关系,如图 4-46 所示。因此与信令面信息比对关联 TEID 及网元的 IP 地址信息,即可将用户相关信息关联回填到用户面信息中。

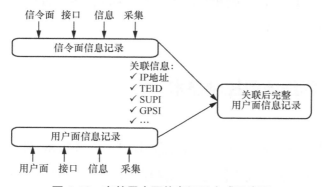

图 4-46　完整用户面信息记录合成示意图

4.3.4　用户面流量间关联

用户面流量间关联，是指对于同一种业务应用，会在客户端与服务端之间进行多次通信，甚至存在与第三方间的通信（如 DNS 解析）。为了能够更全面地获取到业务应用的各类信息以便形成更全面、更完整的用户面话单，需要将同一条流（即同一五元组的流）中各事务之间、不同流之间的信息相互关联。

同一条流中各事务间的信息关联，主要是指在第一条流的第一个事务建立时，对此时的流量进行解析，获取到流的一些基本信息，如建链时间，而在该流的第二个事务建立后，后续流量将获取不到该流的一些信息，此时，需要在同一条流的不同事务间进行信息关联，使在以事务为单位解析业务应用时能够获得完整的流信息。

而对于不同流之间的关联，同一个业务应用中的一些关键信息分布在不同的流中，如在 DNS 解析中，客户端事先不知道服务端的 IP 地址，因此客户端需要先与 DNS 进行通信，在客户端获取到服务端的 IP 地址后再与服务端进行通信，此时若仅解析客户端与服务端间通信的流量，则获取不到服务端 URL 与 IP 地址之间的详细对应关系，故需要将 DNS 流的相关信息关联回填；此外，还需要对不同流的解析记录进行关联标志，以便用于后续业务应用相关指标的计算与分析。

4.4　5G 网络流量控制技术

本节主要介绍针对 5G 网络进行流量控制的相关技术。针对 5G 网络进行流量控制的方式主要有流量限速、流量标记、流量封堵、信息推送等。

4.4.1　流量限速

流量限速，是指对目标流量的传输速度进行控制，如限制到某个速率，以防止目标流量占用过多的链路带宽。网络带宽资源是有限且宝贵的，为了充分发挥网络带宽资源价值，需要对其进行合理利用。例如，网络中的 P2P 应用大量侵占网络带宽资源，在网络带宽资源紧张的情况下会影响关键业务带来的用户体验，因此可以考虑对其流量进行限速，为在线游戏、在线会议及 Web 浏览等关键应用提供充足的网络带宽资源。

根据限速设备接入网络的不同方式，可分为串接方式和并接方式两种，对应使用的流量限速技术也有所不同。串接方式，是指将限速设备串接在网络链路上，网络的流量会流入限速设备，再从设备流出返回网络，在这种方式下，主要使用令牌桶技术来实现流量限速；并接方式，是指将限速设备与网络链路并接，通过如分光器等设备将流量引出输送到限速设备上，而限速设备不会将流量返还至网络链路上，在这种方式下，主要根据 4 层或 7 层的协议有针对性地实现流量限速。

在串接方式下，为限速设备设置一个令牌桶，可以为该令牌桶设置一个大小值，表示该令牌桶最多能够存放的令牌数量，然后按照设定的速度向令牌桶内放置令牌，如图 4-47 所示。当数据包到达 DPI 系统时，首先会根据数据包的大小从令牌桶中取出与数据包大小相对应的令牌数量用来传输数据包。也就是说要使数据包被传输必须保证令牌桶里有足够多的令牌，如果令牌桶内的令牌数量不够，则数据包会被丢弃或缓存。这就可以使得数据包的传输速率小于或等于令牌生成的速度，达到流量限速的目的。通过令牌桶技术可实现所有类型数据包的带宽限速。

在并接方式下，由于限速设备旁挂在网络链路上，通常情况下无法直接对应用流量进行限速，但可以针对某些协议的流量进行相对应的操作来实现流量限速。比如，针对采用 TCP 的多线程下载类应用，可以通过发送有 RST标志（RESET）的 TCP 报文回注到并接的网络链路上，来控制下载过程中所能建立的会话数量，以此来达到流量限速的目的；对于采用 UDP 方式的下载类应用，限速设备可根据特定的下载协议构造其应用层控制报文回注到并接的网络链路上，以此来降低下载的速率。

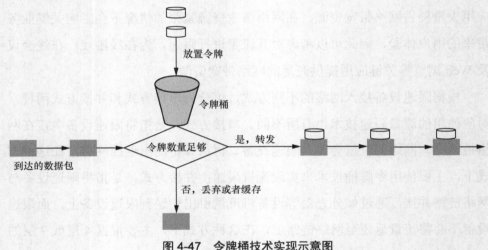

放置令牌

令牌桶

到达的数据包

令牌数量足够

是，转发

否，丢弃或者缓存

图 4-47　令牌桶技术实现示意图

4.4.2　流量标记

流量标记，是指对目标流量的服务质量进行标记或者修改，目的是提升或者降低目标流量在网络传输中的服务质量。流量标记主要可以在流量的3 个字段中进行标记，具体如下：

① VLAN Tag 中的 PRI 字段；

② MPLS 头中的 EXP 字段；

③ IP 包头中的 ToS 字段。

这 3 种流量标记的方式均可以对网络流量进行服务质量控制，在宽带互联网的流量服务质量控制上使用较多,但在 5G 网络及 4G 网络或更早的移动核心网中较少使用,因此本小节只简要介绍流量标记的技术。

(1) VLAN 帧头的 IEEE 802.1Q 优先级

根据 IEEE 802.1Q 协议规定,VLAN 帧头中的 PRI 字段表示该数据帧的服务质量优先级,如图 4-48 所示,该字段有 3bit,取值范围为 0～7,值越大表示该数据帧优先级别越高,当发生链路阻塞时,网络会优先发送优先级别高的数据帧。

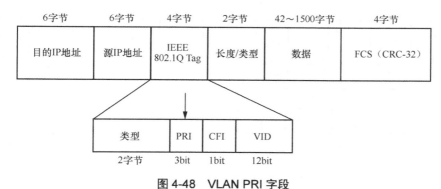

图 4-48　VLAN PRI 字段

(2) MPLS 头中的 EXP 字段

MPLS 是 IETF 提出的一种新一代 IP 高速骨干网络交换标准,旨在解决网络问题,如网络速度、可扩展性、服务质量管理及流量工程,同时也为下一代 IP 中枢网络解决宽带管理及服务请求等问题。为了标识优先级,在 MPLS 头中设置了一个 EXP 字段,在 MPLS 标签交换路由器的标签转发过程中使用该字段标识流量的服务质量,如图 4-49 所示,该字段有 3bit,取值范围为 0～7,值越大代表该流量越优先转发。

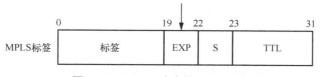

图 4-49　MPLS 头中的 EXP 字段

（3）IP 包头中的 ToS 字段

如图 4-50 所示，在 IP 包头的 8bit 的 ToS 字段中，最高 0～2bit 被称为优先级字段，又被称为 IP 优先级（IPP）字段，标识 8 个 IP 优先级。但在网络中，实际部署这些优先级无法满足需要，因此定义最高 6bit 统称为区分服务码点（DSCP）字段，用于区分优先级，最低 2bit 保留且不能更改。其中 3～5bit 为标志位，分别为 D、T、R，分别代表时延要求、吞吐量、可靠性。

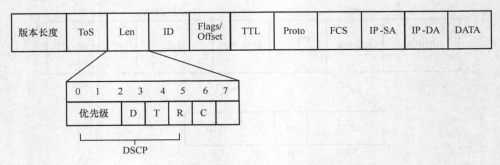

图 4-50　IP 包头中的 ToS 字段

4.4.3　流量封堵

流量封堵是指针对指定的流量进行阻断的操作，使流量无法在网络中传输，从而达到无法访问某些网页或无法使用某些应用的目的。流量封堵的使用背景是依法管理和规范用户对互联网的使用，为公众提供良好的互联网使用环境，帮助用户正确使用互联网。例如对于用户访问未备案、含不良信息、提供恶意程序下载的网页等行为，根据相应的管控策略对违规流量进行封堵。下面从技术原理及规则支持两个方面介绍流量封堵技术。

（1）技术原理

流量封堵技术一般通过发送干扰包或者在链路中直接丢弃相应流量的

方式去实现，对于将流量封堵设备并接在网络链路上的模式，主要采用发送干扰包的方式进行流量封堵；对于将流量封堵设备串接在网络链路上的模式，主要采用丢包方式进行流量封堵。

在并接模式中，由于将流量封堵设备并接在网络链路上，无法直接对流量采取丢弃等操作，故只能通过构造流量回注到网络链路上的方式来实现相关的流量封堵。在并接模式中，主要采用发送干扰包的流量封堵方式，通过将干扰包回注到网络链路上，中断通信双方（服务端和客户端）的连接并进行流量封堵。针对 TCP 流量，一般通过发送有 RST 标志的 TCP 报文中断 TCP 链接以实现流量封堵；针对 UDP 流量，一般通过识别应用层协议并中断应用层连接来实现流量封堵。

如图 4-51 所示，对于采用 TCP 作为 4 层通信承载协议的应用或应用层协议流量，限速设备通过模拟双方应用层会话报文，向通信双方发送有 RST 标志的 TCP 报文来拆除通信会话连接，从而达到对指定会话流量进行封堵的目的。

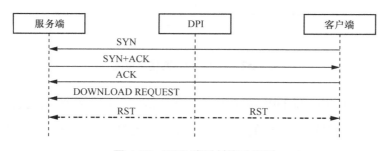

图 4-51　TCP 流量封堵示意图

对于采用无连接的 UDP 作为 4 层通信承载协议的应用或应用层协议流量，则无法采用上述 TCP 拆除通信会话连接的机制实现流量封堵，故在并接模式下难以对采用 UDP 进行通信的业务或应用流量进行封堵。但仍有部分应用流量虽然采用 UDP 作为其 4 层通信承载协议，却在其应用层上实现了可靠的会话管理，如简易文件传送协议（TFTP）。针对此类承载在 UDP 上的应用则可以通过限速设备模拟双方应用层会话报文，向通信双方发送包含特定应用层控制信息的报文来中止双方的通信过程，从而达到流量封堵的目的，如模拟 TFTP 服务端向客户端发送 Opcode 字段值为 5 的错误信息包，如图 4-52 所示。由于此方法需要分别对特定的应用或应用层协议进行深入分析，了解其应用层通信的实现机制。且对于众多私有或加密的应用难以获得有效的控制效果，因此在实际应用中很少使用该方法。

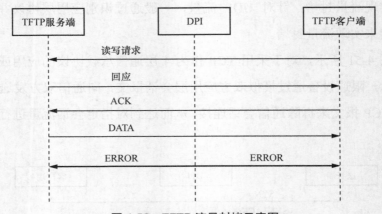

图 4-52　TFTP 流量封堵示意图

在串接模式中，将 DPI 系统串接在网络链路上，网络流量均会流经 DPI 系统，因此，可以通过丢弃的方式对所有协议流量进行全面封堵，如 TCP、UDP、ICMP、ARP 等协议，提供全面、强大的流量封堵能力。在串接模式中，主要通过 DPI 系统识别出目标流量，直接丢弃该部分流量，不进行转发，即流经 DPI 系统后，目标流量不会返回网络链路，以此达到流量封堵的效果。此外，在并接模式下能够使用的流量封堵技术即拆链的方式，在串接模式中亦能发挥作用；同时，直接丢包会导致重传基于 TCP 的报文，使用并接模式下的拆链方式还能够有效地减少网络中重传报文的数量，快速释放服务端的会话资源，因此，在串接模式下，对于 TCP 的流量更多的还是使用拆链的方式进行封堵；对于 UDP 及其他协议的流量，在协议本身没有重传机制的情况下直接使用丢弃的方式即可。

（2）规则支持

流量封堵可以基于 IP 地址、HOST、URL、关键字等方面的规则进行流量阻断。

基于 IP 地址方面规则对目标流量进行封堵，主要通过识别出流量的源 IP 地址或者目的 IP 地址，再通过流量封堵技术针对目标 IP 地址的流量进行阻断，以达到流量封堵的目的。其中，基于 IP 地址方面规则的流量封堵既包含 IPv4 地址和 IPv6 地址，同时也支持单独 IP 地址或者 IP 地址段；此外还应能够基于 IP 地址对已封堵的流量进行解封。

基于 HOST 方面规则对目标流量进行封堵，主要通过识别出流量 7 层内携带的 HOST，再通过流量封堵技术针对目标 HOST 的流量进行阻断。基于 HOST 方面规则的流量封堵能够支持模糊匹配及精确匹配，模糊匹配包含前向模糊匹配，精确匹配包含纯 HOST 匹配、带端口号的 HOST 匹配、HOST 为 IP 地址匹配等情况；此外也能够基于 HOST 方面规则对已封堵的流量进行解封。

基于 URL 方面规则对目标流量进行封堵，主要通过识别出流量 7 层内携带的 URL，利用流量封堵技术针对目标 URL 进行流量阻断。基于 URL 方面规则的流量封堵能够支持模糊匹配及精确匹配，模糊匹配包含后向模糊匹配，即 URL 后面的虚拟目录等部分的模糊化匹配，精确匹配包含纯 URL 匹配和代理中的真实 URL 匹配；此外也能够基于 URL 方面规则对已封堵的流量进行解封。

基于关键字方面规则对目标流量进行封堵，主要通过识别流量内携带的正文标题及正文本身的关键字，利用流量封堵技术针对目标关键字进行流量阻断。基于关键字方面规则的流量封堵，可被分为基于单关键字或者基于多关键字组合规则的流量封堵；此外也能够基于关键字规则对已封堵的流量解封。

4.4.4　信息推送

信息推送是指通过技术手段，根据用户偏好分析结果，向指定用户推送相关信息。信息推送可用于广告推送、社区信息推送、运营商通知消息推送等方面；广告推送是目前信息推送热门的应用方向，通过将互联网广告以合适的方式推送给合适的消费者，并根据一定的商业模式进行费用计算；社区信息推送，基于社区采集到的用户关系、用户行为等信息，向用户推送用户感兴趣的信息，如帖子、任务、游戏等，以此激发用户参与、提升用户活跃度和社区流通效率；运营商通知消息推送，向用户推送新业务套餐介绍、各类通知及催缴费等信息，帮助运营商及时、低成本地把信息发送给终端用户，一方面可减少运营商的人力投入和降低成本，另一方面可为用户提供优质周到的服务。

本节以浏览器访问某一网站为例，介绍说明信息推送的技术原理。从实现的角度来看，信息推送被分为向客户端浏览器返回 JS（JavaScript）脚本和 HTML 模板（Iframe）两种方案。

采用 JS 脚本方案的信息推送流程如图 4-53 所示。DPI 系统在监测到客户端浏览器发出的 HTTP GET 网页访问请求之后，模拟网站服务器确认客户端浏览器发出的 HTTP GET 网页访问请求，并向客户端发送 JS 脚本；客户端浏览器执行 JS 脚本，重新访问目标网站，并同时访问信息推送服务器，从而获得信息推送的内容。其中，推送信息的内容与用户访问的网页内容在客户端浏览器中的显示位置和显示方式可通过修改 JS 脚本灵活定制。

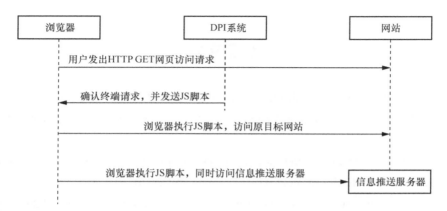

图 4-53　采用 JS 脚本方案的信息推送流程

采用 HTML 模板方案的信息推送流程如图 4-54 所示，DPI 系统在监测到客户端浏览器发出的 HTTP GET 网页访问请求之后，模拟网站服务器确认客户端浏览器发出的 HTTP GET 网页访问请求，并向客户端返回定制好的 HTML 模板；客户端浏览器加载 HTML 模板，重新访问目标网站，并同时访问信息推送服务器，从而获得信息推送的内容。与采用 JS 脚本方案类似，推送信息的内容与用户访问的网页内容在浏览器中的显示位置和显示方式可通过修改 HTML 模板灵活定制。

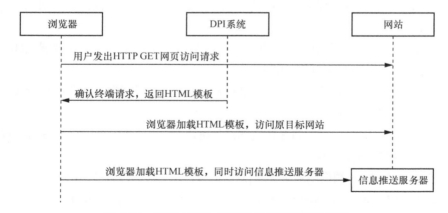

图 4-54　采用 HTML 模板方案的信息推送流程

参考文献

[1]   3GPP. NG-RAN; NG application protocol (NGAP): TS 38.413[S]. 2021.

[2]   3GPP. Non-access-stratum (NAS) protocol for 5G system (5GS); stage 3: TS 24.501[S]. 2022.

[3]   3GPP. Authentication and key management for applications based on 3GPP credentials in the 5G system (5GS): TS 33.535[S]. 2020.

[4]   3GPP. 5G system; access and mobility management services; stage 3: TS 29.518[S]. 2021.

[5]   3GPP. 5G; security architecture and procedures for 5G system: TS 33.501[S]. 2019.

[6]   3GPP. 5G system; services, operations and procedures of charging using service based interface (SBI): TS 32.290[S]. 2020.

[7]   3GPP. Interface between the control plane and the user plane nodes: TS 29.244[S]. 2020.

[8]   毛伟杰, 李永忠. 基于 SNI 的加密流量检测在蜜罐中的研究与应用[J]. 信息技术, 2021, 45(8): 97-101.

[9]   王宇航, 姜文刚, 翟江涛, 等. 面向 SSL VPN 加密流量的识别方法[J]. 计算机工程与应用, 2022, 58(1): 143-151.

[10]   王茂南. 基于深度学习的加密流量识别技术研究[D]. 北京: 北京邮电大学, 2021.

[11]   郭宇斌, 李航, 丁建伟. 基于深度学习的加密流量识别研究综述及展望[J]. 通信技术, 2021, 54(9): 2074-2079.

[12]   朱蒙. 基于深度学习的网络应用加密流量分类方法的研究和实现[D]. 北京: 北京邮电大学, 2021.

[13]   康鹏, 杨文忠, 马红桥. TLS 协议恶意加密流量识别研究综述[J]. 计算机工程与应用, 2022, 58(12): 1-11.

[14]   艾怀丽. VoLTE 端到端业务详解[M]. 北京: 人民邮电出版社, 2019.

[15]   3GPP. IP multimedia subsystem (IMS); stage 2: TS 23.228[S]. 2020.

第 5 章

5G 网络流量 DPI
系统部署

5.1 系统功能组成

5G 网络流量 DPI 系统通常由分光、汇聚分流、解析识别、关联合成、统计分析、安全分析、流量控制、数据分发及接口、系统管理等模块组成[1-2]，功能架构如图 5-1 所示。

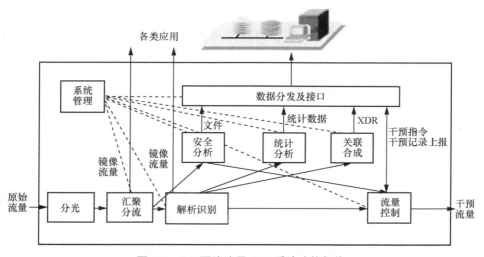

图 5-1　5G 网络流量 DPI 系统功能架构

（1）分光模块

5G 网络流量 DPI 系统一般以并接模式接入网络，通常采用接入分光器或在网络设备上镜像实现原始流量复制。

分光器又称光分路器、光纤耦合器，是一种光无源器件，可以将光信号从一根光纤分发到多根光纤，常用于光信号的耦合、分支和分配。在正常链路上进行分光时，会按照光功率相应的比例将光信号分配到多条分光后的链路上，在一级分光中，工程上通常使用分光比为 2:8 的 1 分 2 分光器或分光比为 1:1:1:7 的 1 分 4 分光器。分光比为 2:8 的 1 分 2 分光器，即分出 20%的光信号接入 DPI 系统，80%的光信号被传回主路，保证主链路不受影响。分光后链路的光功率会有一定程度的衰减，加上光纤及连接器等自身的损耗和色散，导致分光后支路的光功率较低，后端设备接收到的数据会出现误码甚至接收不到数据的现象，需要在链路中增加一个光放大器，对分光后链路的光功率进行放大。如多套应用系统需要复制流量，一级分光无法满足，一般在对支路的光功率进行放大后再进行二级分光。

流量镜像一般在网络设备上进行流量监控配置，基于设备端口（入流量、出流量、"入流量+出流量"）或者访问控制列表（ACL）将某些符合特征的流量复制转发到其他设备端口或 GRE 隧道中接入 DPI 系统。

在 5G SA 网络中，由于核心网网元采用云化部署，分光方式无法完全满足信令面和用户面流量的复制需求，需要采用镜像或"镜像+分光"的模式实现流量的复制接入 DPI 系统。

（2）汇聚分流模块

汇聚分流模块主要实现小流量汇聚、大流量拆分、同源同宿、负载均衡、流量的复制分发等功能。在移动网络中，一般信令面单条链路的流量较小，通过汇聚分流模块汇聚多条链路的流量后再接入后端解析识别设备，可以节省解析识别设备的端口资源；用户面的链路流量较大，而且出于处理能力冗余考虑，一般输出带宽大于输入带宽，如工程上经常采用的输入带宽和输出带宽的比例为 1:1.2。比如输入流量通过 10 条 100Gbit/s 的链路接入汇聚分流器，汇聚分流器通过 12 条 100Gbit/s 的链路将流量输出到后端解析识别服务器。在输出的同时需要实现多条数据流量的动态负载均衡，以及保证将同一条流的上下行流量输出到同一台解析识别服务器以实现同源同宿。另外，汇聚分流模块除了将流量输入后端解析识别服务器，还能按需将相关流量复制分发给其他的应用系统，可以根据设备端口、五元组、七元组规则对流量进行过滤复制分发，在增加高级功能的板卡后，甚至能基于应用层协议对流量进行复制分发。

（3）解析识别模块

解析识别模块是 DPI 系统的核心模块，该模块通过分析数据包的内容特征、流特征、用户行为特征等，对应用及信令通信的类别和内容进行识别，提取关键字段，形成初步的单接口实时记录。互联网上的应用繁多，5G 网络信令交互复杂，解析识别模块是整个 DPI 系统的基础，只有准确识别流量后，上层的分析、统计、还原和流量干预等才有意义，因此解析识别模块的覆盖率和精准性往往最能体现一个 DPI 系统厂商的实力。同时，该模块还提供基于应用协议类型过滤的原始流量输出。

（4）关联合成模块

关联合成模块根据解析识别模块生成的单接口实时记录，实现信令面接口内、多个接口间以及信令面和用户面采集关键字段的关联和回填，按照上层应用需求，以规定格式生成 XDR 数据。在移动网络中，在信令面采集用户的身份标识、位置等信息，在用户面采集用户业务使用记录等信息，需要实现信令面和用户面的关联，并将用户的身份标识、位置等信息回填在用户面的 XDR 后，才能准确知道这条用户业务使用记录是哪个用户在哪里使用的。另外，信令面接口内及多个接口间的数据关联合成主要是通过信令面接口内或接口间的 SUPI 等用户标识和网元分配的标识，补全单事务或单接口无法全面采集的用户、位置等关键信息。

（5）统计分析模块

统计分析模块基于流量解析识别结果，根据固定需要统计报表内容进行分析和统计，生成固定报表定时输出。

（6）安全分析模块

对安全攻击、恶意程序、控制事件进行检测，生成事件话单，将匹配一定特征的文件还原成传输前的图片、文本、软件。

（7）流量控制模块

对指定应用、用户的流量实现限速、标记、封堵以及信息推送等。在移动网络场景下，流量干预一般通过旁路接入网络，采用向用户端发送拆链请求或重定向包的方式实现对原有链接的拆除以及相关信息的推送。

（8）数据分发及接口模块

通过该模块统一向上层应用输出 XDR、统计数据、还原文件、流量干预记录等内容，同时也接收上层应用下发的流量干预指令。

（9）系统管理模块

实现对 DPI 系统各组成模块的管理，包括资源管理、告警管理、性能管理、操作维护、自动巡检、策略管理、安全管理等相关功能。

5.2 DPI 系统形态

为了适应 5G 网络云化的演进，DPI 系统形态在传统物理设备的基础上新增了虚拟化设备，以及在网络主设备集成方式下直接实现了 DPI 能力，即 5G 的网元集成了 DPI 技术。

5.2.1　物理设备

物理设备是指相对于 5G 网络额外部署的专用 DPI 硬件设备。通过物理的分光或镜像等方式将流量导入 DPI 系统，然后由独立的物理设备完成流量的解析识别、关联合成等功能，是当前流量采集和检测的常用方式。该技术成熟，生态活跃，在 4G 网络及以前的核心网中已使用多年，性能也可以得到稳定的保障。

物理形态的 DPI 设备主要分成硬件和软件两大部分：硬件是 DPI 软件的承载，软件是 DPI 技术的具体实现。从物理设备的角度来看，物理形态的 DPI 设备可分为以下 3 个部分。

① 流量接入设备：如交换机/路由器或者分光器，主要是采用端口镜像或分光的接入技术获取流量并将流量传输到后端处理。

② 汇聚分流器：主要是采用流量汇聚分流技术对获取的流量进行预处理，如流量过滤、汇聚分流、同源同宿等。

③ 流量处理设备：如服务器，主要是采用解析识别、关联合成、流量控制、安全分析等技术对预处理过的流量进行进一步的处理，实现流量的深度解析和识别。经过多年发展，流量处理设备出现了许多类型，如基于 FPGA 架构、基于 MIPS 架构、基于 x86 架构等类型的流量处理设备。

5.2.2　虚拟化 DPI 设备

虚拟化 DPI 设备是指利用 DPI 技术实现 NFV，随着主设备将软件部署在云池的通用服务器上，不用单独部署硬件便能很好地满足弹性伸缩需求。如图 5-2 所示，将虚拟化 DPI 设备与 5G 网元部署在统一的云池中，通过 vSwitch 流量镜像的方式将需要检测的流量传输至虚拟化 DPI 设备中，再由虚拟化

DPI 设备对流量进行检测分析[3]。

　　虚拟化 DPI 设备相较于物理形态的 DPI 设备，主要在流量接入、汇聚分流等方面有重大区别。物理形态的 DPI 设备采用分光器或交换机/路由器接入流量，采用汇聚分流器对流量进行汇聚分流，虚拟化 DPI 设备则需要通过编排与管理（MANO）系统对 5G 核心网的流量进行牵引汇聚[4]，通过 vSwitch 接入虚拟化 DPI 设备，如图 5-2 所示。

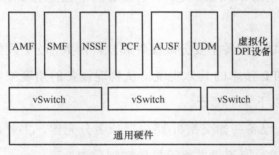

图 5-2　虚拟化 DPI 设备

　　虚拟化 DPI 技术是随 5G 新技术的不断发展而提出的。随着 NFV 技术和云技术的发展，虚拟化的成本逐渐下降，并且可以克服物理形态的 DPI 设备无法灵活创建、删除、移动的缺点，虚拟化形态的应用将越来越广泛。然而，目前对于虚拟化 DPI 技术的研究时间较短，产品不够成熟，现网中少有实用案例，缺乏使用经验。同时，vSwitch 和虚拟化 DPI 设备的性能瓶颈仍有待验证。

5.2.3　主设备集成

　　主设备集成是指由 5G 核心网的主设备网元自身提供 DPI 解析识别等功能，直接输出 XDR 数据及对应的原始码流，之后再由合成服务器进行合成、存储和上报。主设备集成采用软件采集的方式，其优点是不需要额外部署 DPI

设备再次进行解析识别操作，但缺点也较为明显。由于主设备集成不是 3GPP 定义的标准，需要主设备厂商的额外支持，而且此功能的加入，会大幅降低主设备的性能，甚至影响 5G 网络的正常使用。

5.3　系统部署实现

5.3.1　整体部署方案

　　5G NSA 与 4G 网络共用核心网，DPI 系统采集的网元接口和链路与传统 4G 网络重叠，因此现有部署方案不需要改变，一般可与 4G 网络共用一套 DPI 系统实现相关流量的采集。本书主要介绍 5G SA 场景下的 DPI 系统整体部署方案，如图 5-3 所示。

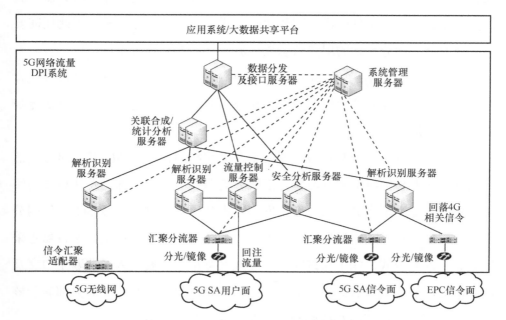

图 5-3　5G SA 场景下的 DPI 系统整体部署方案

5G SA 网络采用转发与控制分离的架构，控制面网元基于云化部署，一般按照大区集中部署模式或省集中部署模式进行建设。对应核心网信令面网元集中部署，DPI 系统的信令面设备一般也采用集中部署模式。目前各运营商基于自身系统建设和维护模式的考虑，DPI 系统的信令面通常选择省集中部署模式。DPI 系统用于核心网信令面采集和分析的设备主要包括分光器、汇聚分流器和解析识别服务器。

5G SA 用户面网元采用分布式设计，可根据不同的业务特性及对时延的要求，分布式部署在省中心、地市、边缘等不同位置。DPI 系统的解析识别模块、安全分析模块需要直接对原始流量进行处理，由于用户面流量很大，为避免牵引流量浪费大量传输资源，一般随核心网元就近部署。流量控制模块对时延要求很高，需要抢在服务端回复前应答客户端，因此流量控制服务器一般靠近用户部署。所以 DPI 系统用户面设备一般随网元就近部署，采集设备主要包括分光器、汇聚分流器、解析识别服务器、安全分析服务器、流量控制服务器。安全分析模块需要实时关联用户信息进行分析，因此还需要将信令面分流部分包含的用户信息接口流量接入安全分析模块。

对于 5G 核心网信令面和用户面，DPI 系统一般都以并接模式接入网络，通过增加分光器和光放大器，或者在交换机和路由器上通过镜像的方式复制流量，引入汇聚分流器。

在无线网侧，由于基站数量非常多，无线网侧信令由 5G 基站对原始信令进行镜像并传输给汇聚分流器，汇聚分流器统一汇聚处理后发往后端的解析识别服务器。汇聚分流器一般由网络主设备厂商提供。一般 5G 无线网分省集中管理，作为数据汇聚点，汇聚分流器和无线信令解析识别服务器也采用省集中部署方式。DPI 系统在 5G 无线网侧部署主要是为了获取空口交互信令信息，核心网部署比较独立，可按需部署，国内一些运营商只部署了核心网，也有一些运营商对核心网和无线网都进行了部署。

由于用户信息、位置信息、切片等信息在信令面采集，用户业务流量在用户面采集，为了将信令面的信息回填到用户面话单，必须将信令面和用户面的话单关联合成并完成回填。根据关联合成服务器部署位置的不同，有集中式和分布式关联合成两种方案。集中式关联合成一般采用省集中部署方式，分布式关联合成随用户面网元位置部署。

5.3.2　不同形态采集设备的部署模式

根据采集设备的不同形态，5G 网络流量 DPI 系统主要分为物理设备采集、虚拟化设备采集、5G 核心网主设备软件采集 3 种采集模式。

1．物理设备采集

物理设备采集模式为传统的分光或"镜像+分流+采集"服务器模式，技术成熟，厂商众多，已在现网中使用多年，配套完善，是 5G SA 部署初期最常采用的模式。

分光模式下的物理设备采集，分光后链路的光功率会有一定程度的衰减，一般需要经过光放大器后接入汇聚分流器，基本拓扑如图 5-4 所示。

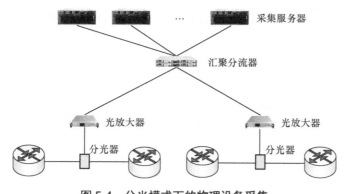

图 5-4　分光模式下的物理设备采集

镜像模式下的物理设备采集，一般通过网络设备进行流量的镜像以接入汇聚分流器，基本拓扑如图 5-5 所示。

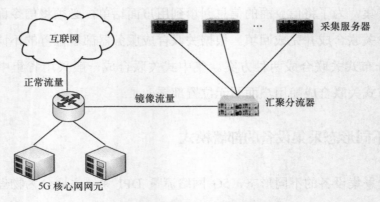

图 5-5　镜像模式下的物理设备采集

2. 虚拟化设备采集

虚拟化设备将原来的采集服务器的功能虚拟化，实现探针的软硬件解耦，打破专用设备的技术壁垒，使得采集功能可以在云端的通用设备上部署，并可基于 MANO 系统实现随主设备的灵活扩展和资源弹性调度[5]。目前各虚拟探针厂商基本处于探索阶段，产品成熟度不够，功能及性能的瓶颈还有待验证。虚拟化设备目前主要通过物理交换机或 vSwitch 以镜像方式接入流量，可根据具体情况选择镜像到物理口、GRE 隧道、VxLAN 等，如图 5-6 所示。

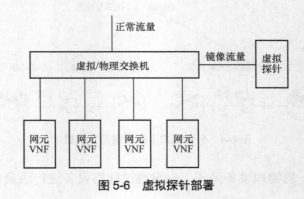

图 5-6　虚拟探针部署

3. 5G 核心网主设备软件采集

5G 核心网主设备软件采集由主设备输出原始码流，或者同时输出原始码流和单接口实时 XDR，主要包括无线网主设备软件采集和核心网主设备软件采集。

核心网主设备软件采集目前趋于以下两种模式。

① 模式 1，主设备网元输出原始码流，如果在网元之间启用 HTTPS 通信，则输出解密后的原始码流，后面接入汇聚分流器、采集服务器等，汇聚分流器及采集设备可为第三方 DPI 设备，如图 5-7 所示。

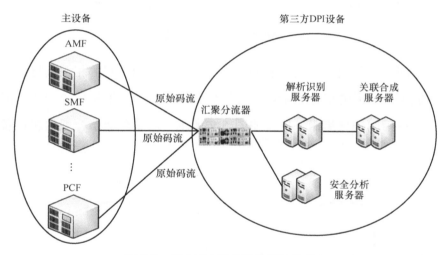

图 5-7　核心网主设备软件采集模式 1

② 模式 2，主设备网元同时实现解析识别的功能，输出原始码流和单接口实时 XDR，如图 5-8 所示。

3GPP 标准并未定义主设备软件采集功能，需要主设备厂商的额外支撑，同时存在降低主设备性能、DPI 软件升级频次和主设备升级频次差异较大等问题，因此暂未有厂商能提供成熟的产品作为支持。但该模式能解决在网元之间启用 HTTPS 通信后，使用分光及镜像模式无法解密的问题。

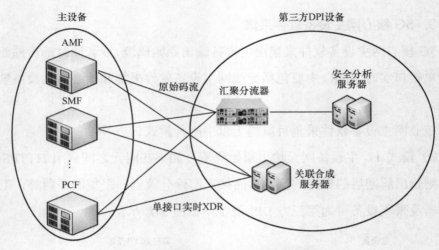

图 5-8　核心网主设备软件采集模式 2

　　无线网主设备软件采集主要采集空口及基站之间交互的相关信息，一般由基站镜像出所需的信令流量，并传输到汇聚分流器，汇聚分流器统一汇聚处理后发往后端的采集服务器，如图 5-9 所示。汇聚分流器一般由主设备厂商提供。

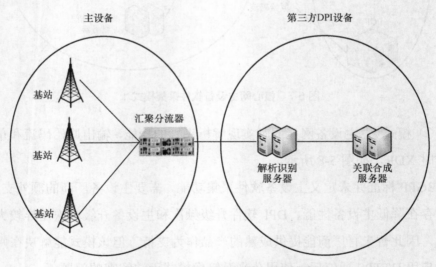

图 5-9　无线网主设备软件采集模式

5.3.3　话单关联合成方案

话单关联合成主要涉及以下两种方式。

① 方式 1：信令面单接口内及接口间用户标识及网元分配标识的关联合成，其目的是补全单事务或单接口无法全面采集的用户、位置等关键信息。

② 方式 2：基于同一用户、同一业务过程（事件或流程等），对信令面接口信息和用户面接口信息进行关联合成。信令面话单和用户面话单的关联主要是将用户信息和业务信息关联，如用户电话号码、位置信息等信息在信令面流量中，用户业务使用信息在用户面流量中，需要对这些信息进行关联，才能知道是哪些用户在哪些地方使用了哪种业务，以及业务的使用情况。

4G 网络由于信令面和用户面网元均集中于省级部署，信令面和用户面流量都在省节点采集，一般采用集中关联合成模式。而 5G SA 网络的用户面会在省节点、地市节点、边缘节点部署，信令面基于不同运营商的需求，还会选用省集中部署、大区集中部署等不同的部署方式，导致信令面流量和用户面流量的采集可能分布在不同城市。如何将这两方面信息传输到一起进行关联合成，目前主要有集中关联合成和分布关联合成两种模式。

（1）集中关联合成模式

关联合成服务器集中部署，所有信令面、用户面的实时 XDR 统一传送到集中的关联合成服务器进行关联回填，如图 5-10 所示。为实现实时关联合成、实时提供数据，也避免大量数据堆积影响关联合成的效率，在解析识别服务器与关联合成服务器之间传输的是实时 XDR。

集中关联合成模式的优点是资源利用率高、管理方便，但处理数据量大，对设备性能要求高。

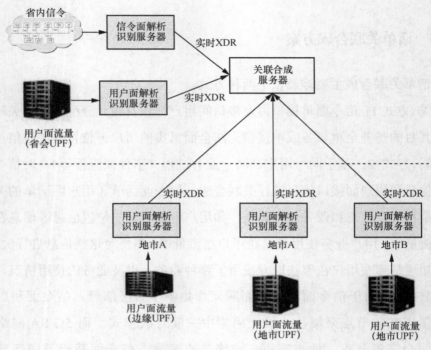

图 5-10　集中关联合成模式

　　目前运营商 DPI 系统一般选择分省建设，DPI 系统解析识别服务器、关联合成服务器等核心设备在省内部署，如信令面网元采用大区制部署方式，则需要将各省的原始信令流量传输到对应省的 DPI 系统进行处理。原始信令流量由大区传回省内涉及对不同省份的数据进行挑拣，且传输时延较大，往往选择增加数据网关来实现数据传输，大区制信令流量传输方案如图 5-11 所示。

　　大区的汇聚分流器根据信令网元 IP 地址段规则等信息识别出数据归属省份和接口类型，并改写数据 MAC 层，标识出数据归属省份和接口类型后传输给大区的数据转发网关。大区的数据转发网关根据数据 MAC 层的省份标识进行数据分拣，同时在数据 MAC 层上打上时间戳，传输给对应省份的数据接收网关。如基于 IP 网络传输，需要将原始数据包封装在 IP 数据包净荷中传送至对应省份的数据接收网关，以保持原有的数据包头信息。对应省份的数据接收网关在接收到数据包后，解封装出原始数据包，并将原始数据包传送到对应省份的汇聚分流器。

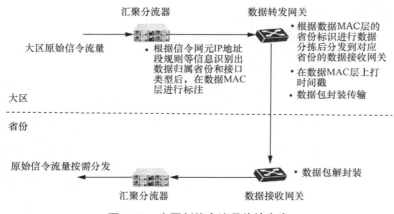

图 5-11　大区制信令流量传输方案

（2）分布关联合成模式

关联合成服务器和解析识别服务器随网元就近部署，对应部署在省中心、地市节点、边缘节点。省中心信令面的采集设备将各个与 UPF 相关的实时信令 XDR 或关键信息传送到相应的用户面采集设备，分别由省中心、地市、边缘合成服务器进行关联回填，如图 5-12 所示。

分布关联合成模式对关联回填数据进行分散处理，可有效缓解中心的压力。但由于并非每个涉及回填信息的信令流程都携带 UPF 信息，因此需要多个信令流程关联，建立关联回填信息与 UPF 地址等信息的实时关联表，再基于 UPF 信息对实时关联表进行分拣和传送，分拣处理流程复杂。

如信令面网元采用大区制部署，需先将大区原始信令流量传回省中心，省中心对信令面流量进行识别解析后将实时关联回填信息分拣传送给对应的地市及边缘采集设备。

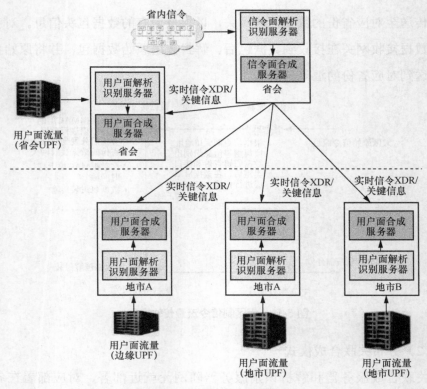

图 5-12　分布关联合成模式

5.3.4　流量控制方案

5G 网络流量干预主要包括流量封堵和信息推送,流量封堵主要应用于安全场景，如检测到恶意程序传播流量后实时进行阻断；信息推送主要指通过定位客户群实时向客户进行信息推送，如定位到客户进入热门景点，则向客户发送当地的天气预报情况及热门景点人流量情况等信息。

5G 网络流量 DPI 系统一般以并接模式接入网络，流量控制主要通过抢在服务端回应客户端之前以向客户端发送 RST 报文、在重定向报文或回应报文中增加 JS 脚本等方式实现恶意流量封堵和信息推送。由于在重定向报文或回应报文中增加了 JS 脚本，客户端会接收到相关提示，用户感知较好，并接模式是目前应用较多的模式。

由于干预流量对时延要求很高，如果在服务端回应客户端之后干预流量才被发送到客户端，则干预不会生效，因此干预流量需要尽量靠近客户端接入网络，流量控制的部署及流程如图 5-13 所示。

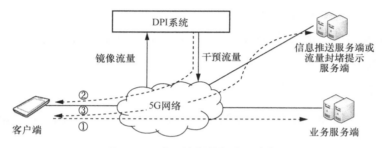

图 5-13　流量控制的部署及流程

流量控制流程如下：

① DPI 系统通过对镜像流量中的用户数据包进行识别分析，识别到用户请求的目标为恶意程序传播源或者定位到客户为信息推送客户群，如定位在景区的客户；

② DPI 系统根据用户数据包，构造请求重定向或应答的数据包，发送给客户端；

③ 客户端在接收到 DPI 系统发送的请求重定向或应答数据包后，向信息推送服务端或流量封堵提示服务端发送请求，信息推送服务端或流量封堵提示服务端对客户端发送的请求进行回应。

5.3.5　数据输出方案

DPI 系统主要输出 4 类数据，即原始流量、XDR 话单、信令回溯包和还原文件。

1. 原始流量

DPI 系统根据一定的规则为上层应用系统按需提供原始流量的镜像复制输出，同时支持多条链路的流量输出的负载均衡及同源同宿。

流量镜像复制模式一般分为两种，一种为基于传输层协议及传输层以下层协议的普通镜像复制，另一种为基于应用层特征的智能镜像复制。

（1）普通镜像复制

一般通过汇聚分流器提供，能基于以下规则及多种规则的组合提供原始流量的镜像复制输出：

- 基于输入端口组合；
- 基于源 MAC 地址、目的 MAC 地址、源 MAC 地址及目的 MAC 地址的组合；
- 基于 VLAN 标签（单层或者多层 VLAN 匹配）；
- 基于源及目的 IP 五元组（源 IP 地址、目的 IP 地址、源端口号、目的端口号及传输层协议类型）组合。

（2）智能镜像复制

一般通过配备高级匹配功能的汇聚分流器或者解析识别服务器提供，能基于应用层特征提供原始流量的镜像复制输出，如根据应用层协议类型、URL、HOST、信令类型、IMSI 规则等。

2. XDR 话单

DPI 系统为上层应用系统提供 XDR 记录，XDR 是由呼叫详细记录（CDR）演变而来的概念。CDR 是传统通信网络中对通话过程中的网络关键信息的记录。XDR 是 CDR 概念的扩展，基于用户会话的流或事件，提取关注的字段，形成关键信息记录，即流量记录。一般一条流或一个事件（如 HTTP 请求事件）形成一条 XDR 记录。在移动网络场景下，DPI 系统会生成信令面 XDR 话单和用户面 XDR 话单。由于用户号码、用户位置信息等在信令面获取，用户访问互联网流量在用户面获取，还需要将信令面相关信息关联回填到用户面 XDR 话单中，以便 XDR 话单可以包含完整的信息。由于 XDR 数据量很大，很难在应用层面进行关联，需要在 DPI 系统中进行实时关联回填。

XDR 话单主要分为信令面 XDR 话单和用户面 XDR 话单。

（1）信令面 XDR 话单

对不同接口类型的数据包进行深度解析识别（如果涉及加密接口，则需要先解密），提取各主要信令接口的交互流程、交互结果、失败原因、交互参数的关键信息，形成对应的接口类型话单。一般要求支持 N1/N2、N4、N5、N7、N8、N10、N11、N12、N14、N15、N16、N22、N26、N40、RADIUS、L2TP、S11、S1-MME、S6a、S5-C 等接口话单输出。

（2）用户面 XDR 话单

对用户面 N3、N9、S1-U、S5-U、Gm 等主要接口的数据包进行深度解析识别，按照单个用户单次访问的颗粒度提取用户网页浏览、视频、VR/AR、视频监控、云盘、即时通信、游戏、VoLTE 等主要典型业务的开始时间、结束时间、URL、流量、关键质量信息等关键信息。

涉及的关键质量信息包括 DNS 时延、DNS 成功率、TCP 时延、网页首包时延、网页打开时延、网页首屏加载时延、网页下载速率、网页打开成功率、视频下载速率、视频上传速率、视频播放时延、视频卡顿次数、视频播放时长、即时消息发送/接收成功率、即时消息发送时延、图片/视频发送/接收速率、游戏交互时延、IMS 注册成功率、呼叫接通率、呼叫建立时长、音视频掉话率、音视频丢包率、音视频时延、音视频抖动、语音平均意见值（MOS）、高清视频回传上行包抖动、上行丢包数、VR 上下行平均时延、VR 上下行包间隔连续超大次数等。

同时，用户面 XDR 话单还关联信令面 XDR 话单，将信令面相关信息填写到话单中，如 SUPI、移动用户综合业务数字号码（MSISDN）、永久设备标识符（PEI）、RAT 等。

由于不同业务关注的关键质量信息有所不同，用户面 XDR 话单一般基于业务的不同种类输出不同的话单。

3．信令回溯包

DPI 系统可以短期存储原始信令流量，并提供接口供上层应用系统调用，协助上层应用系统进行故障的分析和查找。上层应用系统通过接口调用方式指定用户号码、SUPI、时间段、接口类型等，DPI 系统根据该条件筛查相关的原始信令，并形成 Pcap 包上传。

4．还原文件

DPI 系统根据上层应用系统的需求对匹配一定特征的流量进行检测分析，如符合一定判定规则，则还原文件，包括图片、文件、软件等，将还原后的文件输出提供给上层应用系统进行进一步的分析。该功能常应用于对疑似恶意程序进行还原，以便进行进一步的样本检测。

5.4 DPI 系统功能实现案例

本小节主要以 5G 用户使用网页浏览业务时相关话单的生成作为样例，简单描述基于 5G 核心网部署的 DPI 系统功能实现流程，如图 5-14 所示。

整个流程涉及信令面 XDR、用户面 DNS XDR 和 HTTP 事件 XDR 3 类 XDR 的生成。XDR 的生成除了需要从相关接口的数据包中提取关键信息外，还涉及多接口或多业务信息的关联，其中信令面 XDR 涉及同一流程的相同信令面接口的关联和不同信令面接口的关联，用户面 DNS XDR 的生成涉及信令面与用户面关联、DNS 和 HTTP 事件关联，HTTP 事件 XDR 的生成涉及信令面与用户面信息关联、DNS 与 HTTP 事件关联、同一个 TCP 流中多个 HTTP 事件关联。

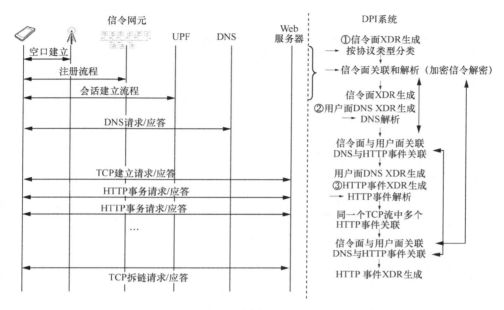

图 5-14　基于 5G 核心网部署的 DPI 系统功能实现流程

在后面章节中将分别对这 3 类 XDR 进行详细介绍。

5.4.1　信令面 XDR 的生成

信令面 XDR 的生成，主要是根据 3GPP 规定的各类信令交换流程、各个接口协议及字段定义，对信令流量进行解析和关联，提取上层应用系统关注的关键信息[6]。

1．关键信息获取

当用户手机接入网络时，一般会经过注册流程和会话建立流程。

当 UE 进行注册时，DPI 系统从相关接口提取的关键信息如图 5-15 所示，左边是 3GPP 定义的注册流程，右边是 DPI 系统从相关接口提取的关键信息。流程类型、流程开始与结束时间、网元 IP 地址和端口号等是各个接口都需要提取的关键信息，下面分接口描述时不再重复介绍这些字段。

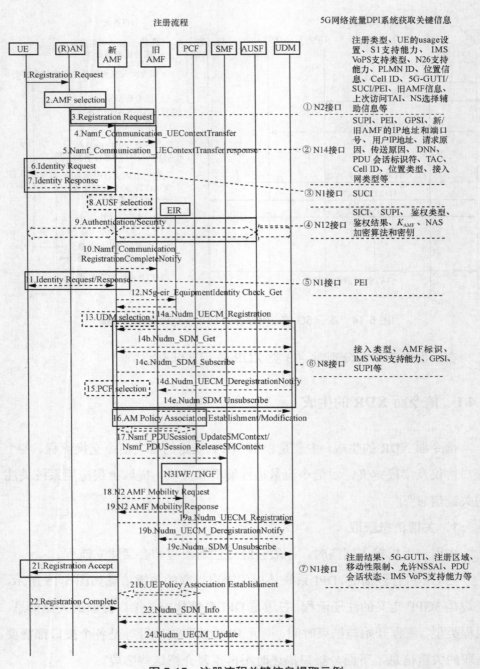

图 5-15　注册流程关键信息提取示例

①DPI 系统部署在 5G 核心网侧，获取了 5G 基站向 AMF 发送的注册请求的 N2 接口数据包，提取的主要关键信息包括注册类型、UE 的 usage 设置、S1 支持能力、IMS VoPS（IP 多媒体子系统语音分组交换会话）支持类型、N26 支持能力、公共陆地移动网标识符（PLMN ID）、位置信息、小区标识（Cell ID）、5G-GUTI/SUCI/PEI、旧 AMF 信息、上次访问跟踪区域标识符（TAI）、NS 选择辅助信息等。

②如涉及不同 AMF 切换，DPI 系统通过 AMF 之间的 N14 接口提取的主要关键信息包括 SUPI、PEI、GPSI、新/旧 AMF 的 IP 地址和端口号、用户 IP 地址、请求原因、传送原因、数据网络名称（DNN）、PDU 会话标识符、跟踪区域码（TAC）、Cell ID、位置类型、接入网类型等。

③如有 UE 未提供 SUCI 也无法从旧 AMF 获取 SUCI，则新 AMF 将向 UE 请求 SUCI，UE 向 AMF 传送 SUCI。DPI 系统通过 N1 接口提取 SUCI。

④如涉及授权过程，DPI 系统通过 AMF 和 AUSF 之间的 N12 接口获取的主要关键信息包括 SUCI、SUPI、鉴权类型、鉴权结果、K_{AMF} 等。同时，DPI 系统从 K_{AMF} 推导出 NAS 加密算法和密钥。

⑤如有 UE 未提供 PEI 也无法从旧 AMF 获取 PEI，则新 AMF 将向 UE 请求 PEI，UE 向 AMF 传送 PEI。DPI 系统通过 N1 接口提取 PEI。

⑥如果 AMF 无法获取有效上下文，则向 UDM 注册。DPI 系统通过 AMF 和 UDM 之间的 N8 接口获取的主要关键信息包括接入类型、AMF 标识、IMS VoPS 支持能力、GPSI、SUPI 等。

⑦AMF 向 UE 发送注册接收消息。DPI 系统通过 AMF 和 UE 之间的 N1 接口获取的主要关键信息包括注册结果、5G-GUTI、注册区域、移动性限制、允许 NSSAI、PDU 会话状态、IMS VoPS 支持能力等。

当 UE 进行会话建立时，DPI 系统从相关接口提取的关键信息如图 5-16 所示，左边是 3GPP 定义的会话建立流程，右边是 DPI 系统从相关接口提取的关键信息。

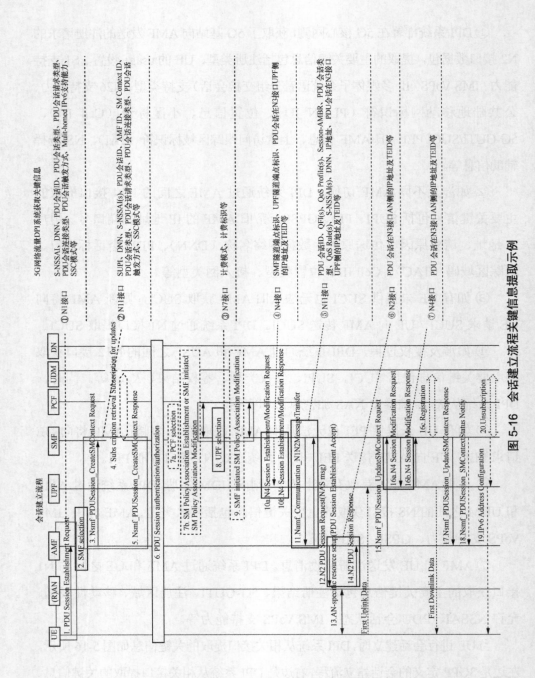

图 5-16 会话建立流程关键信息提取示例

① 当 UE 向 AMF 发起会话建立请求时，DPI 系统通过 N1 接口提取的主要关键信息包括 S-NSSAI、DNN、PDU 会话 ID、PDU 会话类型、PDU 会话请求类型、PDU 会话连接类型、PDU 会话触发方式、Multi-homed IPv6 支持能力、SSC 模式等。

② AMF 选择好 SMF 后，向 SMF 请求创建 PDU 会话上下文。DPI 系统通过 N11 接口提取的主要关键信息包括 SUPI、DNN、S-NSSAI(s)、PDU 会话 ID、AMF ID、SM Context ID、PDU 会话类型、PDU 会话请求类型、PDU 会话连接类型、PDU 会话触发方式、SSC 模式等。

③ SMF 选择好 PCF 后，从 PCF 获取计费策略，DPI 系统通过 N7 接口提取的主要关键信息包括计费模式、计费标识等。

④ SMF 和选择的 UPF 建立 N4 会话，DPI 系统通过 N4 接口提取的主要关键信息包括 SMF 隧道端点标识、UPF 隧道端点标识、PDU 会话在 N3 接口 UPF 侧的 IP 地址及隧道端点标识（TEID）等。

⑤ SMF 向 AMF 传输 N1/N2 接口上的消息，DPI 系统通过 N11 接口提取的主要关键信息包括 PDU 会话 ID、QFI(s)、QoS Profile(s)、Session-AMBR、PDU 会话类型、QoS Rule(s)、S-NSSAI(s)、DNN、IP 地址、PDU 会话在 N3 接口 UPF 侧的 IP 地址及 TEID 等。

⑥ gNB 向 AMF 传输 N2 接口的 SM 消息，DPI 系统通过 N2 接口提取的主要关键信息包括 PDU 会话在 N3 接口 AN 侧的 IP 地址及 TEID 等。

⑦ SMF 向 UPF 传输来自 gNB 的 AN 隧道消息，DPI 系统通过 N4 接口提取的主要关键信息包括 PDU 会话在 N3 接口 AN 侧的 IP 地址及 TEID 等。

2.　信令面接口信息关联

为了方便上层应用系统分析，一般信令面 XDR 都包含完整的用户信息，包括 GPSI、SUPI 等，但各个接口、流程获取的信息有限，比如在周期性更新的注册流程中，从 N1/N2 接口只能获取 5G-GUTI，这就需要和初始注册获取的信息关联，通过同一个 5G-GUTI 得到该用户的 SUPI、PEI、GPSI 等信息。

另外，NAS 信令是加密的，也需要将 N1/N2 接口的加密 NAS 报文和由 N12 接口获取的信息推导的 NAS 解密算法、解密密钥进行关联。DPI 系统从 AMF 和 AUSF 的 N12 接口的用户注册流程报文信息中获取密钥 K_{SEAF}，并推导出 NAS 解密算法和解密密钥后进行保存，后续该用户涉及 NAS 报文解密时可使用。直到下次用户注册，更新新的密钥。

3．信令面 XDR 样例

（1）N1/N2 接口 XDR 样例

N1/N2 接口 XDR 样例如图 5-17 所示，包含 NGAP-NAS 信令解码后填充的控制面信令信息，如接口类型、XDR ID、SUPI、GPSI、AMF UE NGAP ID、(R)AN UE NAGP ID、SUCI、AMF 标识等字段。

图 5-17　N1/N2 接口 XDR 样例

（2）N4 接口 XDR 样例

N4 接口 XDR 样例如图 5-18 所示，包含接口类型、XDR ID、SUPI、GPSI、流程类型、流程状态、SMF N4 接口 IP 地址、UPF N4 接口 IP 地址、N3 接口 UPF 侧 TEID、N3 接口 AN 侧 TEID 等字段。

图 5-18　N4 接口 XDR 样例

（3）N7 接口 XDR 样例

N7 接口 XDR 样例如图 5-19 所示，包含接口类型、XDR ID、SUPI、GPSI、流程类型、流程状态、SMF 服务化接口 IP 地址、PCF 服务化接口 IP 地址、5QI、TAC、计费模式、计费标识等字段。

图 5-19　N7 接口 XDR 样例

（4）N11 接口 XDR 样例

N11 接口 XDR 样例如图 5-20 所示，包含接口类型、XDR ID、SUPI、GPSI、流程类型、流程状态、AMF IP 地址、SMF IP 地址、透传的 NGAP 信元类型、TAC、N3 接口 UPF 侧 TEID、N3 接口 AN 侧 TEID 等字段。

图 5-20　N11 接口 XDR 样例

5.4.2　用户面 DNS XDR 生成

DPI 系统根据传输层端口号 53[7]，从 N3 接口等用户面接口的流量中筛选出 DNS 流量，再根据 DNS 消息报文格式的定义，提取 DNS 流量中的关键信息并分析计算相关指标数据，再关联信令消息、HTTP 事件，生成用户面 DNS XDR。

1. 关键信息获取

（1）通信网元关键信息获取

DPI 系统对 N3 等接口的 GTP-U 用户面数据包进行解析，获取 gNB 的 IP 地址、gNB 侧 GTP-TEID、UPF 的 IP 地址、UPF 侧 GTP-TEID。获取该信息主要用于和信令面信息进行关联，以便获悉该流量属于哪个用户以及获取用户当时的位置。

（2）DNS 应用关键信息获取

DPI 系统根据数据包中传输层的目的端口号 53 识别为 DNS 请求，并识别出源和目的 IP 地址、源和目的端口号、请求的域名，如图 5-21 所示，同时记录请求时间、数据包数量和传输字节数等。

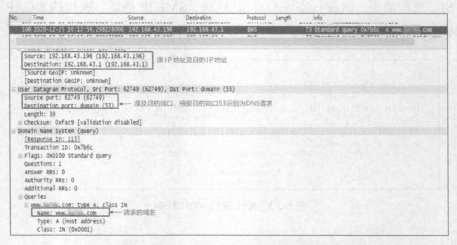

图 5-21　DNS 请求报文关键信息提取示例

DPI 系统根据数据包中传输层的源端口号 53 识别为 DNS 应答，并识别出源和目的 IP 地址、源和目的端口号、请求的域名及对应的域名，如图 5-22 所示，同时记录请求应答时间。

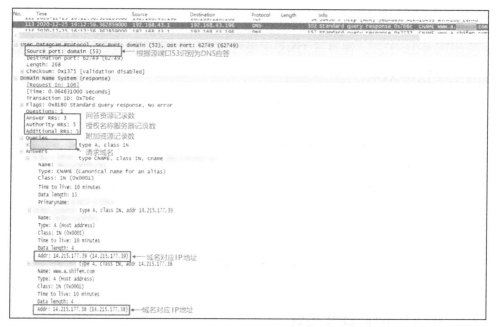

图 5-22　DNS 应答报文关键信息提取示例

2．信令面与用户面关联

由于在信令面会话建立时先协商好每个 PDU 会话的 gNB 的 IP 地址、gNB 侧 GTP-TEID、UPF 的 IP 地址、UPF 侧 GTP-TEID，之后用户面才能在协商好的隧道中传输信息，因此 DPI 系统可以根据用户面获取的参数关联信令面信息，从信令面获取 SUPI、GSPI、PEI 等用户和设备信息，以及 NR 小区全局标识符（NCGI）、TAI 等位置信息。

3．DNS 与 HTTP 事件关联

由于上层应用系统需要分析用户应用感知，并分段分析、定位在哪个环节产生了问题，如分析产生问题的原因是 DNS 解析速度慢，还是用户与网站之间的传输速度慢。

DPI 系统根据一定时间内的 DNS 请求的域名对应 IP 地址来关联 DNS 和 HTTP 事件，并用 DNS 流 ID 来进行标识。

4．DNS XDR 样例

如图 5-23 所示，在进行 DNS 字段提取和 HTTP 事件关联以后，DPI 系统将生成 DNS XDR。

图 5-23　DNS XDR 示例

5.4.3　HTTP 事件 XDR 生成

DPI 系统根据 HTTP 消息特征，使用消息中的关键字，如"HTTP/1.1""HOST""GET""POST"等[8]，从 N3 接口等用户面接口的流量中筛选出 HTTP 流量，再根据 HTTP 报文格式的定义，提取 HTTP 流量中的关键信息并分析计算相关指标数据，同时关联信令、DNS 等信息，生成 HTTP 事件 XDR。

1．关键信息获取

（1）通信网元关键信息获取

通过对 GTP-U 用户面报文进行解析，获取 gNB 的 IP 地址、gNB 侧GTP-TEID、UPF 的 IP 地址、UPF 侧 GTP-TEID 等信息。

（2）HTTP 应用关键信息获取

DPI 系统根据 HTTP 报文特征，提取 HTTP 操作类型、HTTP 版本、用户终端及浏览器信息、URL、内容类型、内容长度等信息，并通过报文中是否包含 Referer 字段及 Referer 字段的内容判断是否为链接访问及获得链接源信息，如在图 5-24 和图 5-25 中标出的字段所示，同时记录请求及应答时间、数据包数量、传输字节数等。

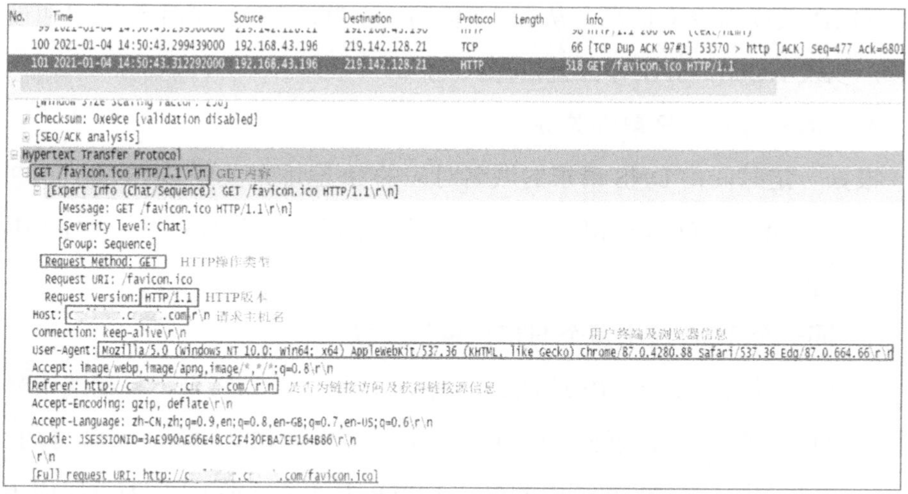

图 5-24　HTTP GET 请求报文关键信息提取示例

图 5-25　HTTP GET 应答报文关键信息提取示例

2．信令面与用户面关联

根据 gNB 的 IP 地址、gNB 侧 GTP-TEID、UPF 的 IP 地址、UPF 侧 GTP-TEID 关联信令面信息，从信令面获取 SUPI、GSPI、PEI 等用户和设备信息，以及 NCGI、TAI 等位置信息。

3．DNS 与 HTTP 事件关联

根据一定时间内 DNS 请求的域名对应的 IP 地址来关联 DNS 和 HTTP 事件，并用 DNS 流 ID 来标识，为上层应用系统提供基于 DNS 与 HTTP 事件的关联分析。

4．同一个 TCP 流中多个 HTTP 事件关联

根据五元组信息（源 IP 地址、目的 IP 地址、源端口号、目的端口号和传输层协议类型）来关联同一个 TCP 流中的多个 HTTP 事件，并用 TCP 流 ID 来标识及对同一个 TCP 流中的多个 HTTP 事件进行编号[9]，为上层应用系统提供基于流维度的综合分析。

5．HTTP 事件 XDR 样例

HTTP 事件 XDR 样例如图 5-26 所示。

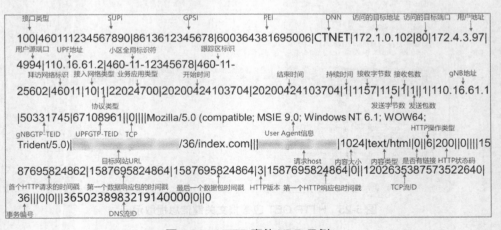

图 5-26　HTTP 事件 XDR 示例

5.5　DPI 系统性能要求考虑因素

　　DPI 系统的部署除了满足相关功能需求外，需要考虑 DPI 系统处理能力、机房占用空间、功耗等性能指标。在 DPI 系统处理能力方面，主要关注下面几个方面的性能指标。

5.5.1　信令流量处理能力

　　主要考量 DPI 系统对信令流程及协议的处理能力，包含各个接口协议识别率、NAS 解密率、字段解析正确率要求等性能指标。信令面接口 XDR 一般以流程为单位形成一条记录，流程类型包括注册、解注册、UE 配置更新、PDU 会话建立等。接口协议识别率和 NAS 解密率一般根据正确 XDR 记录数进行评估，从协议接口类型、流程类型、时间等维度对 XDR 的正确性进行评估。各指标定义如下。

　　① 接口协议识别率=正确 XDR 记录数/涉及该接口的流程数

　　② NAS 解密率=正确 XDR 记录数/涉及 N1 和 N2 接口的流程数（备注：4G 接入场景，需要解密的 NAS 流量为 S1-MME 接口流量）

　　③ 字段解析正确率=正确字段数/XDR 总字段数

5.5.2　应用识别及处理能力

　　主要考量 DPI 系统对互联网各类应用特征的识别、提取和处理能力，包括应用协议识别率、总流量识别率、单个业务流量统计正确率等，涉及 VoLTE 业务和 Gm 接口解密率等。业务 XDR 一般以流或事件为单位形成一条记录，根据不同协议的正确 XDR 记录数进行评估，从协议类型、流/事件类型、时间等维度对 XDR 的正确性进行评估。各指标定义如下。

① 应用协议识别率=各类业务正确 XDR 记录累计数/流或事件累计数

② 总流量识别率=各类业务正确 XDR 累计流量/总流量

③ 单个业务流量统计正确率=单个业务正确 XDR 累计流量/单个业务总流量

④ Gm 接口解密率=Gm 接口正确 XDR 记录数/Gm 接口信令流程数和业务流累计数

5.5.3　话单处理能力

主要考量 DPI 系统的话单处理能力,包括关键信息关联回填准确率、XDR 生成时延、业务 XDR 话单字段准确率等。关键信息关联回填准确率重点考量信令面获取用户信息（如 MSISDN、SUPI、PEI 等）关联回填用户面 XDR 的准确率。各指标定义如下。

① 关键信息关联回填准确率=关联回填正确 XDR 记录数/XDR 总记录数

② XDR 生成时延=自流量进入 DPI 系统到 XDR 记录生成的时间

③ 业务 XDR 话单字段准确率=正确业务 XDR 话单字段数/业务 XDR 总话单字段数

5.5.4　流量控制能力

主要考量 DPI 系统的指定流量（特定网站、特定地域范围等）封堵、信息推送等流量控制能力[10]，包括流量封堵成功率、信息推送到达率、流量封堵/信息推送触发时延等。

① 流量封堵成功率=流量封堵成功次数/DPI 系统发送流量封堵次数

② 流量信息推送到达率=信息推送服务器端访问次数/DPI 系统信息推送次数

③ 流量封堵/信息推送触发时延=自数据包进入 DPI 系统到流量封堵或推送信息发送的时间

5.5.5　流量处理能力

主要考量 DPI 系统对大流量、多连接的处理能力，包括单位流量支持的最低新建连接数、并发连接数、每秒处理的数据包数量等。

5.5.6　信令回溯查询能力

主要考量 DPI 系统的信令数据包存储、关联及调用能力，包括基于用户维度的信令回溯查询成功率及信令回溯查询时延等。

5.5.7　汇聚分流能力

主要考量 DPI 系统设备端口密度及数据处理能力，包括不同类型设备端口及相应密度要求、整机转发容量要求、设备端口转发时延和丢包要求、支持规则配置的最大条目数等。

5.5.8　机房占用空间

主要关注在 DPI 系统开启所有功能的情况下，信令面和用户面每 U 设备处理数据流量大小（U 是一种表示服务器高度的单位，是 Unit 的缩写，由美国电子工业协会（EIA）提出，1U=44.45mm）。

5.5.9　功耗

主要关注 DPI 系统整机功耗要求及单位数据处理量的功耗要求。

5.6　系统配置估算考虑因素

DPI 系统在规划建设的时候，系统配置需要考虑核心设备数量和存储容量方面的估算因素。

5.6.1　核心设备数量估算因素

① 对于汇聚分流器，根据机房峰值处理流量及设备的输入/输出端口数量和类型，选用流量处理能力和设备端口数量满足需求的汇聚分流器型号，并为后续工程预留的一定扩展空间。

② 对于解析识别设备，设备台数=机房峰值处理流量/单台设备流量处理能力。

③ 对于合成服务器，设备台数=机房峰值话单处理量/单台设备话单处理能力，其中机房峰值话单处理量=峰值处理流量×单位流量产生话单量。

5.6.2　存储容量估算因素

系统总体存储容量=（原始信令流量存储量+信令面 XDR 存储量+用户面 XDR 存储量）/（1−存储冗余占比）

其中，

原始信令流量存储量=每天产生的数据流量×信令面流量占比×存储天数

信令面 XDR 存储量=每天产生的数据流量×用户面单位流量产生话单量×文件压缩比×存储天数

用户面 XDR 存储量=每天产生的数据流量×信令面单位流量产生话单量×文件压缩比×存储天数

参考文献

[1]　工业和信息化部. 深度报文检测设备联动需求与体系架构：YD/T 2271—2011[S]. 2011.

[2]　工业和信息化部. 基于分离架构的深度包检测系统技术要求 独立式流量采集设备：YD/T 2931—2015[S]. 2015.

[3]　吴迪，李俊，韩淑君. NFV 中的 vDPI 功能放置问题研究[J]. 科研信息化技术与应用，2016, 7(6): 34-43.

[4]　ETSI. Network functions virtualisation (NFV) release 3; management and orchestration; report on management of NFV-MANO and automated deployment of EM and other OSS functions: GR NFV-IFA 021 V3.1.1[S]. 2018.

[5]　高敏，陆小铭，曹维华. 面向 SDN/NFV 的虚拟化网络测试探针的应用[C]//2017 电力行业信息化年会论文集. 2017: 245-249.

[6]　3GPP. Procedures for the 5G system (5GS): TS 23.502[S]. 2019.

[7]　PV M. Domain names implementation and specification: RFC 1035[S]. 1987.

[8]　FIELDING R, GETTYS J, MOGUL J. Hypertext transfer protocol—HTTP/1.1: RFC 2068[S]. 1997.

[9]　POSTEL J. Transmission control protocol: RFC 793[S]. 1981.

[10]　肖梅. VoIP 和 P2P 网络流量监控系统的设计与实现[D]. 北京: 北京邮电大学, 2016.

第 6 章　　总　结

　　经过多年发展，DPI 技术在服务/应用感知、服务质量保证、网络管理等许多领域对电信运营商都是有益的，在今天显得尤为重要。随着 5G 商用的推进，大视频、大数据、物联网等业务的蓬勃发展，越来越多的新应用对网络大数据采集分析的实时性、安全性、准确性等提出了更高的要求。挑战是最好的内驱力，经过专业技术人员的探索与攻坚，DPI 技术进一步发展，在实践中，已在新冠病毒疫情防控、用户上网日志留存、业务感知监测、移动恶意程序检测、木马与僵尸网络监测等 5G 网络运营中得到广泛应用，并发挥了重要作用。这些宝贵的经验可以为广大从事 5G 网络维护工作的人员提供帮助，是作者创作本书的初衷。

　　本书重点介绍了 DPI 技术原理，基于 5G 网络特点及 5G 应用场景需求，深入浅出地描述了 5G 网络流量接入技术、汇聚分流技术、5G 网络流量分析技术、5G 网络流量 DPI 系统部署等，并通过介绍各种 XDR 样例为读者提供更多直观的技术呈现，以期相关人员可以更好地理解 5G 网络流量 DPI 技术。

　　电信运营商网络从 5G 开始，网络架构发生了重大变化，移动通信技术、计算机技术、人工智能与大数据技术的融合发展趋势日益明显，通感算一体化成为未来研究热点。因此，可以预见 DPI 技术将成为未来网络智能感知应用技术的通用核心技术和通用构建模块。面对新的挑战和需求，展望网络智能感知应用技术发展趋势，DPI 技术可以在以下几个方面进行研究。

① DPI 系统标准化：当前的 DPI 系统为各厂商独立实现，缺乏互通性和开放性，运营商没有统一标准规范 DPI 系统内部实现，缺乏评估检测效果的有效手段。在未来应用中可能会无法形成全域统一的检测结果，无法满足规模部署的扩展性要求。

② 加密流量及未知流量的检测：随着大众的网络安全意识逐步强化，人们也逐步认识到了数据保护的重要性，越来越多的网络流量被加密传输。传统的 DPI 技术无法对加密流量及未知流量进行有效的解析识别，需要与大数据、人工智能和机器学习等技术相结合，通过分类建模及泛化学习解决这类问题。

③ DPI 系统部署：以 ICDT 融合为基础的业务发展趋势驱动信息处理功能的耦合，面对通感融合、算网融合和网业融合成为信息处理技术的发展趋势，传统 DPI 系统部署也需要与时俱进，设计灵活、高效、实时、可靠的架构及功能模块，在绿色低碳的基础上满足日常网络生产管理、业务质量保障的需要。

通信网络的发展历史已经告诉大家技术的发展是无法预估的，充满了未知的挑战和机遇，但有目共睹的是这些技术的发展已经让人类社会受益无穷。DPI 技术，与其他技术一样，毫无疑问地将会参与到一轮又一轮激动人心的网络技术变革中，因此，从某种意义上来说，本书介绍的内容仅仅是网络技术变革的开端。